ゼロからの最速理解
量子化学

博士（工学）佐々木健夫 著

コロナ社

まえがき

　物理化学は化学の基本である。物理化学の知識があればこそ，化学を単なる暗記科目ではない面白い科目として見ることができる。新現象の発見や新素材の開拓も，物理化学の理解があって初めてできることである。このテキストは，基礎的な化学から物質科学，さらには材料化学と呼ばれる広い領域の理解に必要となる，量子力学の入門から分子軌道法の基本的なところを身に付けることを目指して書かれたものである。敬遠されがちな物理化学の中でも「量子」関連は特にわかり難く，無味乾燥で，勉強時間を消費する苦痛な科目とされている。しかし，量子化学は熱力学とともに化学現象を理解するための基礎となる知識である。化学現象がどのように進むかは基本的に熱力学に従う。エネルギーはできる限り低くなるように，エントロピーはできる限り大きくなるように現象は進んでいく。そして，化学反応とは化学結合の組替えである。熱力学の原理に従うように化学結合の組替えが起こる。その化学結合とはそもそもなんなのか，化学結合の組替えとはつまりどういうことなのか，ということを教えてくれるのが量子化学である。

　量子化学の理解のためには若干の数学や物理の知識が必要であるが，ポイントをつかめば全体の筋道はそれほど難解ではない。このテキストでは，高校数学，高校物理についての簡潔な解説を入れておいた。ただし，わからないことに遭遇したときはその都度，高校数学や物理の参考書を読んで理解することが大切である。慣れ親しんだ教科書を持つことが数学や物理の上達のコツである。同じ教科書を何回も何回も繰り返し読む。数学や物理の基本部分，さらに物理化学の勉強は語学の勉強と同じである。講義を聞くだけでは修得できない。何回も何回も自分で教科書を読んで，理解し覚えていく以外に修得の道はない。だんだんと基本知識が増えてくると，教科書（専門書）を読むことが楽しくなる。

まえがき

本テキストは，量子化学の基本的事項を把握することを目的としており，詳しい事柄には触れていないので，必ずほかの量子化学の教科書も併せ読むべきである。特に問題集を購入して解いてみることを勧める。量子化学の先駆者であり1954年のノーベル化学賞受賞者であるLinus Pauling（ライナス・ポーリング）は，大学院入学直前の夏休み（米国の新学期は9月から）に500題の物理化学の問題集を解いたそうである[1]†。そしてこれがのちの人生に大きな力を与えたと語っている。問題を解くことは，初めはなかなか気が向かないものであるが，問題を解くことで本当の理解が得られる。教科書を読んだだけでは，わかったような気になるだけである。

本書の執筆にあたり，査読，校正をしていただいた中裕美子博士，レバンコア博士，祝　実穂氏，小野真太郎氏に感謝します。

また，本書の出版についてご尽力いただいたコロナ社に深く感謝いたします。

2017年2月

佐々木健夫

---

† 肩付き数字は，巻末の文献番号を表す。

目　　次

1章　量子論の誕生
1.1　原 子 の 構 造 1
1.2　前期量子論の登場 5
1.3　古　典　力　学 13
　　1.3.1　物 体 の 運 動 14
　　1.3.2　Newton の運動方程式 16
　　1.3.3　重 さ と 質 量 19
　　1.3.4　作用・反作用の法則 19
　　1.3.5　運動量，エネルギー 20
　　1.3.6　円 運 動 の 物 理 22
　　1.3.7　クーロンの法則 24
　　1.3.8　電　　　　　場 25
　　1.3.9　振　動　と　波 29
　　1.3.10　定 常 波 の 式 32
　　1.3.11　光 33
　　1.3.12　Young（ヤング）の実験 35
　　1.3.13　Bragg（ブラッグ）反射（回折） 36
　　1.3.14　次 元 解 析 38
1.4　Bohr の原子モデル 38
章 末 問 題 42

2章　Schrödinger 方程式と量子力学の誕生
2.1　光の波動性と粒子性 44
2.2　物 質 の 波 動 性 46
2.3　Heisenberg の不確定性原理 49
2.4　Schrödinger 方程式 53

2.5 時間に依存する Schrödinger 方程式 58
章 末 問 題 63

3 章　量子力学の基本

3.1 Schrödinger 方程式の作り方 65
3.2 量子力学の基本事項 68
 3.2.1 演算子の交換関係 70
 3.2.2 古典力学と量子力学の関係 77
 3.2.3 原 子 単 位 78
章 末 問 題 79

4 章　「箱の中の粒子」モデル

4.1 一次元の箱の中の粒子モデル 81
 4.1.1 規格直交系の確認 86
 4.1.2 波動関数の形 87
4.2 不確定性原理の確認 90
4.3 光 の 吸 収 91
4.4 節点，節面について 95
4.5 三次元の箱の中の粒子モデル 97
4.6 有限の高さの壁で囲われたポテンシャル井戸とトンネル効果 99
章 末 問 題 104

5 章　振 動 と 回 転

5.1 調和振動子モデル 107
5.2 振動運動の量子化 113
5.3 回転運動の量子化 116
5.4 平面上の回転運動における角運動量 117
5.5 三次元空間での回転運動 124
5.6 二原子分子のマイクロ波スペクトルと回転状態変化 127
章 末 問 題 129

6章 水素原子
- 6.1 水素原子の軌道 131
- 6.2 波動関数から求められる水素原子の半径 139
- 6.3 水素類似原子 141
- 章末問題 141

7章 電子のスピンと量子状態
- 7.1 電子 143
- 7.2 電子のスピン 145
- 7.3 区別できない粒子 148
- 7.4 スレーター行列式 149
- 7.5 量子状態 152
- 章末問題 155

8章 多電子系の扱いと近似計算
- 8.1 変分法 156
- 8.2 摂動法 158
  - 8.2.1 段差のあるポテンシャル井戸 162
  - 8.2.2 ヘリウム原子 163
- 8.3 より高度な近似法 166
- 章末問題 170

9章 化学結合の基本
- 9.1 二原子分子の化学結合 171
- 9.2 水素分子イオンの分子軌道 173
- 章末問題 182

10章 分子軌道法
- 10.1 変分法による分子軌道計算 183
- 10.2 Hückel法による分子軌道計算 188

目次 vi

- 10.2.1 アリルラジカルの分子軌道 192
- 10.2.2 電子密度の計算 200
- 10.2.3 結合次数 202
- 10.2.4 ベンゼンの π 電子系の共鳴安定化効果 202
- 10.2.5 簡単な分子の構造予測 207
- 10.3 軌道の混成と原子価結合法 210
- 10.4 拡張 Hückel 法 213
- 10.5 Hartree-Fock-Roothaan 法 213
- 章末問題 215

11 章 位相軌道反応論

- 11.1 フロンティア軌道論とウッドワードホフマン則 216
- 11.2 Diels-Alder 反応 218
- 11.3 フロンティア電子密度 223
- 章末問題 224

付録 225

- A.1 本書で用いる記号・用語 225
- A.2 数学ノート 227

参考文献 237

章末問題の解答 240

索引 251

1章
量子論の誕生

この章では，前期量子論が成立するまでの過程を概観する．量子力学は，一人の天才が作り上げたものではない．多くの発見や考察が積み上げられて成立していったものである．その歴史的な流れを知っておこう．また，量子力学を学んでいくために最低限必要な物理の知識についてもこの章に入れておいた．

1.1 原子の構造

原子とはなにか．いまでこそわれわれは，物質が分子や原子から構成されていることを知っている．しかし，このような考えが生まれたのはいったいいつであろうか．原子（atom）の語源はギリシャ語の $άτομον$（アトモス）である．紀元前5世紀ごろに Leucippus（レオキッポス，ギリシャ，生没年未詳）が考えたものを，彼の弟子であった Democritus（デモクリトス，ギリシャ，紀元前460年ごろ〜前370年ごろ）がまとめた概念で，「これ以上分割できないもの」の意味を持つ．しかし，この概念は Aristotles（アリストテレス，紀元前384年〜紀元前322年）によって否定されてしまう．その後は18世紀に John Dalton（ダルトン，英国，1766〜1844年）が化学的現象を説明するために原子説を導入するまで原子はかえりみられなかった．19世紀になると Michael Faraday（ファラデー，英国，1791〜1867年）による電気分解についての考察や，1897年の J.J. Thomson（トムソン，英国，1856〜1940年）による電子の発見により，究極の粒であるはずの原子にも内部構造があることが明白になった．

原子は電気的に中性な粒子であるから，原子はプラスの電荷を持つ粒子とマ

イナスの電荷を持つ電子からできているはずである。Thomson は，原子とは，プラスの電荷を持つ玉の中に電子が埋まっているものだと考えた（**図 1.1**）。これを Thomson の**スイカ型原子モデル**（図（a））（欧米では plums in a pudding model）という。これに対して，日本の**長岡半太郎**（1865～1950 年，東大教授）と Ernest Rutherford（ラザフォード，英国，1871～1937 年）は，プラスに帯電した原子核の周りを電子が回っているモデルを考えた。**太陽系型原子モデル**（図（b），土星型モデルともいう）である。

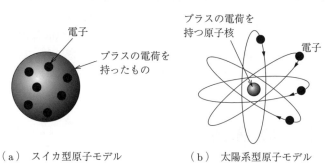

（a） スイカ型原子モデル　　　（b） 太陽系型原子モデル

図 1.1　原子の構造として考えられたモデル

長岡半太郎　　　Ernset Rutherford

　原子の構造がスイカ型なのか太陽系型なのかは，実験的に決着が付けられた。1909 年，Rutherford は，金箔（厚さ約 0.0001 mm）に正の電荷を持つ α 線（ヘリウムの原子核）を当てて，どのくらいの α 線が金箔を通り抜けるのかを調べた（**図 1.2**）。

　すると，α 線はまっすぐ通り抜けるものや跳ね返されるもののほかに，進行

1.1 原子の構造　3

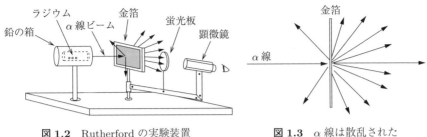

図 1.2　Rutherford の実験装置

図 1.3　α 線は散乱された

方向を大きく曲げられたものが観測された（**図 1.3**）。この現象は，金原子が Thomson のいうようなスイカのような構造であったら起こらないはずである（**図 1.4**）。プラス電荷を持つ α 線の進行方向が曲げられるためには，原子中のプラス電荷が一点に集中している必要がある（**図 1.5**, **図 1.6**）。つまり，原子の構造が太陽系型であることが実験的に明らかになったわけである。

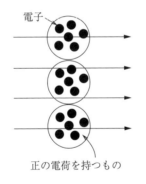

図 1.4　スイカ型原子と α 線

正電荷と負電荷はすべての部分で打ち消しあっているので, α 線に引力や斥力は働かず, まっすぐ透過できる。

　しかし，太陽系型モデルは Rutherford の実験結果を正しく説明することができるが，重大な欠陥があった。電子は負の電荷を持ち，原子核は正の電荷を持つ。正の電荷と負の電荷の間には強力な引力が働く。したがって，正の電荷を持つ原子核の周りを負の電荷を持つ電子が取り巻くためには，電子は原子核の周りを回っていなければならない。回転運動によって遠心力を発生させ，それが原子核とのクーロン引力に釣り合うようにしなければ，電子は原子核に引き込まれて原子は潰れてしまう。しかし，円運動は時々刻々と速度ベクトルの向きが変わる運動であるから，加速度を持っている。したがって，原子核の周

4 　　1. 量子論の誕生

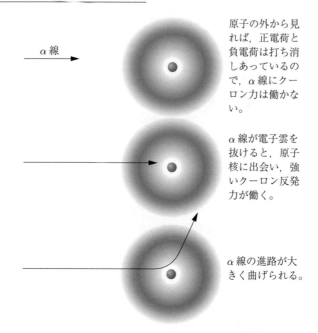

図 1.5　太陽系型原子と α 線

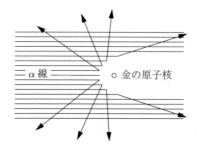

図 1.6　原子核による α 線の散乱

りを回る電子は，原子核によって作られる電場の中を加速度を持って運動する荷電粒子である。

　それまでに知られていた物理法則に従って考えると，加速度を持ちながら電場の中で運動する電荷は電磁波を放射する（電波を出す）。電磁波を出せばエネルギーが失われるので，電子の運動エネルギーはだんだんと小さくなり，回転速度が遅くなって，原子核に吸い込まれてしまう（**図 1.7**）。つまり，このモデ

1.2 前期量子論の登場　5

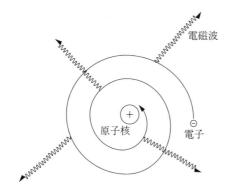

円運動する電子は電磁波を放出して
原子核とくっついてしまう！
図 1.7 原子は消滅？

ルでは，原子は安定に存在できない．電磁気学に従って計算すると，このような構造の原子は生まれてから 10^{-12} 秒で消滅してしまうので，この世界はそもそも存在できないという結論になる．原子中にプラス電荷を持つ核があり，その周りにプラス電荷と同じだけの電子が存在することはわかったが，それらがどのようにして原子を構成しているのかについては謎であった．

1.2　前期量子論の登場

　19世紀後半から20世紀の初めの間に，多くの不思議な現象が見つかった．普仏戦争（1870〜1871年，プロシア（現ドイツ）とフランスとの戦争）で，プロシアがナポレオン3世を破り，莫大な賠償金とアルザス・ロレーヌ地方をフランスからもらったことがきっかけとなった．アルザス・ロレーヌ地方からは，鉄鉱石が産出された．プロシアはこの莫大な賠償金と鉄鉱石を用い，鉄鋼業による国家経済の躍進をはかった．

　鉄鋼業では，加熱した鉄の温度を知ることが必要である．鉄を加熱してゆくと，暗い赤色から明るい赤，そして黄色，明るい黄色と，温度の上昇にともなって色が変化する．この色から鉄の温度を知ることができないか，という研究が盛んになった．当時，物質が加熱されたときに出る光の色は，その物質が吸収する光の色と同じである，という考えが一般に受け入れられていた．例えば，ナトリウムの蒸気にプリズムで分けた太陽光線を当てると黄色い光が吸収され，

ナトリウムを燃やせば黄色い光が出てくる。しかし，鉄は黒い。黒い色はすべての色を吸収する。だから，鉄はどんな色の光を出してもよいことになり，発光色を予想できない。

では，鉄はどんな温度でなに色の光を出すのだろうか。温度と色との関係は当時まったくわからなかった。そこで，一般に物体が加熱されたときにどんな光が出るのか，ということが多くの科学者の関心を引きつけた。物質が加熱されたときに光が放出されるのは，物質内で熱エネルギーが光に変換されていると考えるのが妥当である。そこで，物質を加熱してその温度と光の波長（色），強度を測定する実験が盛んに行われた。しかし，物体にはそれぞれ色があり，またほかの光を反射してしまうため，正確な測定を行うには工夫が必要であった。

Wilhelm Wien

1895年に，Wilhelm Wien（ウィーン，ドイツ，1864～1928年）が，**黒体**と呼ばれるもの（**図1.8**）を考案した。それは内部が空洞になった鉄の玉である。この物体を加熱すれば，空洞内部では熱エネルギーの光への変換と，光の熱エネルギーへの変換が起こり，空洞内部は平衡状態になるだろう。この玉に1ヶ所だけ小さな穴を開ければ，内部の熱－光の平衡状態を乱さずにごく一部の光を取り出すことができる。また，外部からこの穴に入った光は，それがどんな色であったとしても二度と玉の外には出られない。内部で何回も反

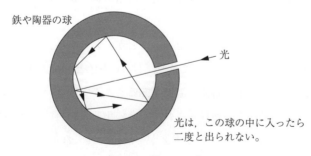

図1.8 黒 体

射を繰り返し，そのうちに熱エネルギーに変わってしまって消滅する。同じ穴からもう一度出てくることは確率的に不可能である。したがって，この球体の小さな穴から出てくる光は，球体内部で発生した光のみである。**図 1.9**のような装置を使ってこの光を測定すれば，外部から入ってきた光の反射や，物体の色などの影響を受けない正確な測定が可能となる。黒体からの光の発生を黒体放射と呼ぶ。

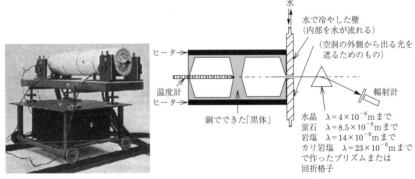

（a）オットー・ルンマーとF.クルルバウムが1898年から行った黒体の実験装置[2]　　（b）H.Rubens（ドイツ国立物理工学研究所 1865～1922年）が使用した「黒体」

図 1.9 黒体放射の測定実験に使われた装置

さっそくこの玉を加熱して，黒い小さな穴から出てくる光の測定が始まった。すると，奇妙なことが起こった。出てくる光がどうもおかしい。**図 1.10**は，黒体から出てきた光の強度と波長の関係を調べた結果である。黒体内部では，各原子の熱エネルギーはボルツマン分布に従っているはずである。そして，それらが光へ変換されるのだから，黒体から出てくる光のエネルギーもボルツマン分布で整理できるはずである。しかし，黒体から出てくる光をボルツマン分布を使って整理しようとしても，うまく整理できなかった。Reyleigh（レイリー）やJeans（ジョーンズ）などの当時の物理学の大御所がこの理論的な検討を行ったが，どうにも説明がつかなかった。

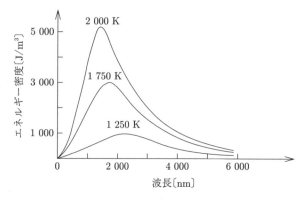

図 1.10　黒体放射スペクトル

Max Planck

1900 年に当時 42 歳だった Max Planck（プランク，ドイツ，1858〜1947 年）は，黒体の内部で熱エネルギーが光に変換されるときに $E = nh\nu$（E は変換される熱エネルギー，n は整数，h は今日，Planck 定数と呼ばれる。$h = 6.6261 \times 10^{-34}$ Js，ν は光の振動数）という関係を満たすなら，黒体放射を説明できることを示した。黒体からある波長の光が出るとき，その光は黒体の熱エネルギーから $nh\nu$ だけ消費すると考えれば，黒体放射の測定結果を説明できる。しかし，$E = nh\nu$ という式の中に「整数 n」が含まれていることが問題であった。整数というのは，なにかの個数やなにかの回数など，人間がなにかを数えるときに出てくる数字であり，不自然な印象を与える。しかも，n が整数であるならば，エネルギーの変化は段階的になる。エネルギーが連続的に変化せず段階的に変化する（つまりエネルギーはデジタル化されている）というこの考えは，まったく支持されなかった。また，Planck 本人もあまり自信がなく，ひかえめな発表しかしなかった。

Planck が導き出した光の分布則は以下の式で表される。

$$d\rho(\lambda, T) = \rho_\lambda(T)d\lambda = \frac{8\pi hc}{\lambda^5}\frac{d\lambda}{e^{hc/\lambda k_B T} - 1}$$

1.2 前期量子論の登場

ここで，$\rho_\lambda(T)d\lambda$ は λ と $\lambda + d\lambda$ の間の輻射のエネルギー密度，k_B はボルツマン定数である．この式を使えば，黒体放射スペクトル曲線を完全に再現することができる．現在でも遠く離れた恒星の温度を調べる際には，その星から来た光の波長と強度を調べ，それを黒体放射の式を使って解析している．

ちなみに Planck はとても慎重な人であったという．講義や講演の前に，汽車や電車の中でひたすらブツブツと講義の練習をしている姿が多くの人に目撃されている．また，Planck は 20 歳のときに，物理学者になるかピアニストになるかで相当に悩むほど，音楽の才能にも恵まれた人であった．彼は日曜日にはベルリンのフィルハーモニーでピアノの練習をしていた．Planck が最終的に物理学者の道を選んだ理由は，彼が大学の最後の学年のときに Clausius（クラウジウス）の本を読み，熱力学第二法則（エントロピー）に魅了されたためらしい．

さて，1905 年，オーストリアの特許事務所で働きながら，趣味で理論物理学の研究をしていた当時 26 歳の Albert Einstein（アインシュタイン，1879～1955 年）が，画期的な論文を発表した．当時彼は，特許事務所へ通勤しながら，「もし，私が光のスピードで移動したら世界はどのように見えるだろうか……．」などと，あの有名な相対性理論を頭の中で組み立てつつ，ほかの物理現象についても考えをめぐらせていたのである．彼は 1905 年に特殊相対性理論のほかに，ブラウン運動（統計力学）と**光電効果**の三つの論文を発表した．これら三つの論文はどれもノーベル賞を受賞するにふさわしいもので，それを一人の人間がこの 1905 年に一度に発表したのである．この年は現在では「奇跡の年」と呼ばれている．

Albert Einstein

光電効果とは，電圧のかかった電極のマイナス側に光を当てると電子が飛び出す現象である（図 1.11（a））．1887 年にドイツの物理学者 Hertz（ヘルツ，周波数を示す SI 単位であるヘルツ〔Hz〕は彼の名前にちなんでいる）によって発見された現象で，光を電流に変換することができ，光センサーやテレビカメラ（撮像管）に応用されている．この現象は，光の波長に強く依存する．光の波

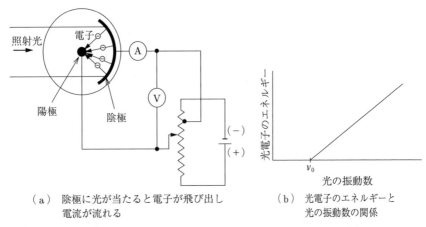

(a) 陰極に光が当たると電子が飛び出し電流が流れる　　(b) 光電子のエネルギーと光の振動数の関係

図 1.11 光電効果（光電効果は光の振動数に強く依存する[2])）

長が短いときには，非常に弱い光を当てても電子が飛び出すが，光の波長が長いときには，どんなに強い光を当てても電子はまったく出てこない（図(b)）。ある閾値以上の振動数の光（$\nu_0 \leq \nu$）を照射しなければ電子は出てこないのである。これは，光を波と考えるそれまでの物理学では説明することができなかった。波であれば振幅，つまり光の強度が強ければ強いほど大きなエネルギーを持っているのだから，電子をはじき出す効果も大きいはずである。しかし，光電効果の実験結果は，振幅が小さくて波長が短い小波のほうが大波よりも電子をはじき出す力が強いことを示していた。

　Einstein は，光を $E = h\nu$ という大きさのエネルギーを持った粒子と考えることで光電効果を説明できることを示した。光は干渉や回折を生じるので，波（電磁波）であることは疑いもない。しかし，同時に粒子としての性質も持っていると考えなければ光電効果は説明できない。光が波と粒子の両方の性質を持ったものであるという考えを Einstein の「**光量子説**」と呼ぶ。黒体放射と光電効果という，まったく異なる現象から，同じ結論「$E = nh\nu$」が得られたことから，自然現象に整数が含まれるということと，光が $E = h\nu$ というエネルギーを持つ粒子でもあるということを受け入れざるを得なくなった。

古典力学では，波のエネルギーは振幅の関数になる。しかし，$E = nh\nu$ には振幅に関するパラメータは含まれていない。Planck と Einstein の論文が発表されてから，女学校の数学教員であった Johann Jakob Balmer（バルマー，スイス，1825〜1898年）が 1885 年に見つけた水素放電管の光に関する数式が注目され始めた。低圧の水素が入った石英管の中で放電を行うと光が出てくる。この光をプリズムで波長（色）ごとに分けてみると，**図 1.12** に示すように水素放電管から出る光はいくつかの飛び飛びの波長の光が混ざったものであることがわかる（**輝線スペクトル**）。Balmer は，この光の波長が

Johann Jakob Balmer

$$\lambda = \frac{bn^2}{n^2 - 4} \quad (n \text{ は 3 以上の整数 } 3, 4, 5 \cdots)$$

という式で表されることを示した。この結果は，それまでの物理ではまったく説明できなかった。なぜ自然現象が整数を選ぶのか？ なぜ n は 1.25 とか 3.32 にはならないのか？ というように，まったく不自然極まりないように思われていた。これを $\nu = c/\lambda$（c は光の速度）によって振動数の式に書き換えると

$$\nu = \frac{c(n^2 - 4)}{bn^2} = Rc\left(\frac{1}{2^2} - \frac{1}{n^2}\right) \quad (n = 3, 4, 5 \cdots)$$

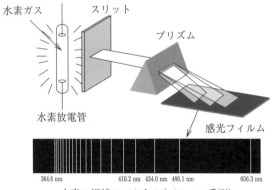

図 1.12 水素の輝線スペクトル

となる．この式は，Johannes Rydberg（リュードベリ，スウェーデン，1854～1919年）によって導かれた．$R_c = 1.097\,373\,156\,850\,9 \times 10^7\,\mathrm{m}^{-1}$ は Rydberg 定数と呼ばれる．

　1913年ころ，かつて Rutherford の教え子であった Niels Bohr（ボーア，デンマーク 1885～1962年）は，水素放電管からの光の放出は，水素原子が大きなエネルギーを持った状態から普通の状態に戻るときに，その余分なエネルギーを光として放出すると考えた．そして，水素原子の構造自体は，Rutherford–長岡半太郎の太陽系モデルで基本的にはよいはずだと考えた．ただし，電子が原子核の周りを回るときに，安定な**軌道**（orbit）があり，この軌道上を運動している限り電子は電磁波を出さない，という仮定を設けた．そしてその軌道上の電子の角運動量が $h/2\pi$ の整数倍 ($m_e v r = n h / 2\pi$) になる，という条件を満たすならば，Balmer の式を導くことができることを思いついた．

Niels Bohr

　Niels Bohr はこの考えをすぐに論文にし，英国の Rutherford に送った．自分の師匠である Rutherford よりも先に原子構造の秘密を解き明かした！ ……意気揚々と送った論文は，すぐに送り返されてきた．Rutherford いわく，「この論文は長すぎる．もっと短くしなさい」と．Rutherford は論文の中身をろくに読まないで送り返したのである．Bohr は激怒し，すぐさま英国に行き，Rutherford に直接，論文をつきつけた．そして Rutherford を説き伏せ，この論文を世間に発表した．この論文こそ，今日の量子力学の基盤となった「**Bohr の原子モデル**」の論文である．

　この論文は，Arnold Sommerfeld（ゾンマーフェルト，ドイツ，1868～1951年）とともに発展した形に整理され，Bohr-Sommerfeld の量子論として完成した．この量子論は現在，**古典量子論**あるいは**前期量子論**と呼ばれている．しかし，Bohr の理論は水素原子についてしか当てはめることができず，ヘリウムやほかの原子のスペクトルを説明することはできなかった．その後，Bohr の理論が物質の波動性を基礎として成り立っていることが de Bloglie（ド・ブロー

イ，フランス，1892〜1987年）によって示された。そして，物質の波動性を統一的に扱う理論が Werner Heisenberg（ハイゼンベルグ，ドイツ，1901〜1976年）によって展開され，**行列力学**として完成した。

さらに，Erwin Schrödinger（シュレーディンガー，オーストリア，1887〜1961年）は**波動力学**という体系を完成させた。この二つの力学体系が，じつは同じ物理的内容を異なった数学的形式で表現しているということが Schrödinger 自身と Carl Eckart（エッカルト，米国，1902〜1973年）によって証明され，**量子力学**が完成した。さらに Paul Adrien Maurice Dirac（ディラック，英国，1902〜1984年）が相対性理論を取り込み，**相対論的量子力学**へと発展させた。つぎの写真はその当時活躍していた科学者たちである。

1927年のソルベイ会議。この会議でアインシュタインとボーアの論争が勃発した。また，ハイゼンベルグとコペンハーゲン派との激しい討論が繰り広げられた。ソルベイ会議とは，無水炭酸ナトリウムの工業的製法を確立した Ernest Solvay（エルネスト・ソルベイ，ベルギー，1838〜1922年）が作った，物理学に関する最先端の議論をするための会議である。招待された者だけが参加できる。

1.3 古 典 力 学

これから先，数式を使った考察をする前に，物理に関する基本的な事柄である古典力学（Newton 力学）についてまとめておこう。これらは基本的なもので，読み飛ばしてよい。のちの章を読むときに参照したほうが理解しやすいかもしれない。必要となる数学については付録 A.2 の数学ノートにまとめてある。

1.3.1 物体の運動

運動している物体の**速度**（velocity）v は，単位時間にどれだけの距離を動いたか，という量である。したがって，ある瞬間における速度は，その物体の位置座標を時間微分することによって得られる。x 軸上を運動する物体であれば，その速度（瞬間の速度）は

$$v = \frac{dx}{dt} \tag{1.1}$$

で与えられる。速度は**ベクトル量**である。ベクトル量とは，「大きさ」と「方向」を持っている量である。大きさだけで決まり，方向を持たない量を**スカラー量**と呼ぶ。例えば，質量はスカラー量である。速度ベクトルの方向は，運動する物体の道筋（軌道）の接線方向である。三次元空間内で運動する物体には，その x 方向 y 方向 z 方向の速度ベクトルが存在する。軸ごとに独立に扱えばよい。それらの速度の大きさの 2 乗を足し合わせて平方根をとれば，三次元での速度の大きさが得られる。

$$|v| = \sqrt{v_x^2 + v_y^2 + v_z^2} \tag{1.2}$$

加速度（acceleration）a は，単位時間当りの速度の変化である。したがって，ある瞬間における加速度は，その物体の速度を時間微分することによって得られる。一次元であれば

$$a = \frac{dv}{dt} = \frac{d^2 x}{dt^2} \tag{1.3}$$

となる。$a = dv/dt$ を変形すれば，$adt = dv$ となる。加速度を持っている物体について，時刻が $t = 0$ から $t = t$ になったとき，速度が $v = v_0$ から $v = v$ になったとすると，$adt = dv$ の両辺を $t = 0$ から $t = t$ まで積分すればよい。このとき，速度は $v = v_0$ から $v = v$ まで変化するから，積分は

$$\int_0^t a\,dt = \int_{v_0}^v dv$$

となる。したがって，$at = v - v_0$ となり，これを移項すれば

$$v = v_0 + at \tag{1.4}$$

が得られる。これは、初速度 v_0 で加速度が a である物体の t だけ時間が経過したときの速度である。式 (1.4) と式 (1.1) より、$v = dx/dt = v_0 + at$ であるから、$dx = (v_0 + at)dt$ である。時刻が $t = 0$ から $t = t$ になったとき、物体は $x = 0$ から $x = x$ まで動くから

$$\int_0^x dx = \int_0^t (v_0 + at)dt$$

である。したがって

$$x = v_0 t + \frac{1}{2}at^2 \tag{1.5}$$

が得られる。式 (1.4) を変形して時間 t を求める式にすると $t = (v - v_0)/a$ となる。これを式 (1.5) に代入すれば

$$x = v_0 \frac{1}{a}(v - v_0) + \frac{1}{2}a\left\{\frac{1}{a}(v - v_0)\right\}^2 = \frac{1}{2a}(v^2 - v_0^2)$$

となる。したがって

$$v^2 - v_0^2 = 2ax \tag{1.6}$$

が成立する。加速度が 0 である運動は等速直線運動である。物体の速度が変化する場合や、速さそのものは変化しなくても速度の方向が変化する場合では、加速度は 0 ではない。

〔例題 1.1〕

物体が x 軸上を運動している。時刻 $t = 0$ s にこの物体が x 軸の原点を出発したとする。$t = 0$ s から $t = 8$ s までの間のこの物体の速度〔m/s〕を時間に対してプロットしたものを図 1.13 に示す。

(1) $t = 0$ s から $t = 5$ s までの間に

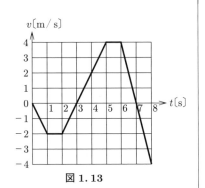

図 1.13

この物体が移動した距離を求めよ。

(2) $t=0\,\mathrm{s}$ から $t=8\,\mathrm{s}$ までの間で，この物体が原点から最も離れるときの時間と，そのときの原点から物体までの距離を求めよ。

(3) この物体の加速度の時間変化を示すグラフを書け。

〔解答〕
(1) 物体は出発してから3秒までの間は $-x$ 方向に進み，3秒から5秒までは $+x$ 方向に進む。進んだ距離はグラフと x 軸とで囲まれた面積であるから，8mとなる。

(2) 物体が出発してから3秒までに動いた距離と3秒から5秒までに動いた距離は等しく，向きが逆である。したがって，出発してから5秒後に物体は原点にいる。5秒後から7秒後までは $+x$ 方向に動き，7秒以降は $-x$ 方向に動くから，物体が原点から最も離れるのは出発してから7秒後である。そのときの原点からの距離は，グラフの面積から6mと求められる。

(3) 加速度は速度の時間微分であるから，$v\text{-}t$ グラフの傾きになる。したがって，求めるグラフは図 1.14 のようになる。　◆

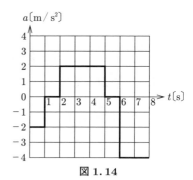

図 1.14

1.3.2　Newton の運動方程式

Newton（ニュートン）の運動方程式は

$$f = ma = m\frac{d^2x}{dt^2}$$

で与えられる。ここで f は**力**（force）の大きさであり，m は**質量**（mass）である。力には加える方向があるのでベクトル量である。摩擦のない床の上に静止している質量 m の物体に f という大きさの力を一方向に加えれば，その物体はその力の方向に a という加速度で運動を始める。この式は力を定義する式ではなく，力と物体の位置座標，そして時間の関係を表す**微分方程式**である。

この方程式を使って，運動する物体についてさまざまなことを知ることができる。古典力学は，この方程式を基礎として成り立っている体系である。質量 1 kg の物体に 1 m/s^2 の加速度を生じさせるために必要な力の大きさを 1 N（ニュートン）と定義する。

　Isaac Newton（アイザック・ニュートン，英国，1643〜1727 年）は科学史上の巨人である。主著 "Philosophi Naturalis Principia Mathematica"「自然哲学の数学的諸原理（プリンキピア）」(1686 年 7 月 5 日刊行）のなかで万有引力の法則と，運動方程式を創り上げ，数学を整理し，古典力学（ニュートン力学）を創始している。さらに微積分法を発明している。また，ケンブリッジ大学トリニティ・カレッジ在学中から光のスペクトル分析などの実験を行い，独自の光学の理論体系を作った。"Opticks"（『光学』，1704 年刊行）では，光の粒子説を提唱している。ただし，当時はまだ電磁気学が確立されていなかったので，光の本質はまったくわかっておらず，Einstein の光量子説を先取りしていたというわけではない。そして自らの光学理論に基づき，色収差の少ない反射望遠鏡を発明した。Newton は，地球と天体の運動を初めて正しく解明した人物である。そして Kepler（ケプラー）の法則を理論的に証明した。

Isaac Newton

　Newton は科学の分野においては間違いなく史上最強の天才であるが，彼の人格については好意的な記録はないようである。真偽はどうかわからないが，猜疑心が強く女性嫌い（同性愛者ではない）で異常に怒りっぽく，執念深く笑いがないという性格であったという。確かに一生独身で終えている。すぐに激怒する Newton と一緒に仕事をすることはたいへんなことであったらしい。彼は 85 歳まで生き，死ぬまで毛もあまり抜けず，歯も 1 本しか抜けなかったという。遺体の髪の毛から水銀が検出されていることから，彼の死因は錬金術の実験による水銀中毒であろうといわれている。50 代のときに，重要な書類を失火で燃やしてしまった（彼が書いていた光学についての原稿を学生が誤って燃やしてしまった？）ことが原因で発狂したという話もあるが，80 歳という当時

としてはものすごい高齢になっても仕事をしていたようである。微積分の発明については，Gottfried Leibniz（ライプニッツ，ドイツ，1646～1716年）とでどちらが早かったかということについて争った（発明自体は Newton のほうが早かったが，発表は Leibniz のほうが早かった）。微分法へのアプローチの手段は両者で異なるが，結論からいえば同じものを作り上げている。Leibniz の死後になっても，Newton は裁判で Leibniz を叩き続けていた。Leibniz より長生きした Newton が勝利したといえよう。ただし，現在われわれが教わる微分積分は Leibniz の手法に基づくものであり，微小量を表す d や積分の記号 $\int$ なども Leibniz が用いた表記法である。

　Newton は死ぬまで英国王立協会の会長と造幣局長官を務めた。しかも Newton が最も力を入れていたのが，当時横行していた偽金づくりの摘発であったという。偽金造りの組織へスパイを送り込んで証拠をつかみ，首謀者を逮捕したりしている。Newton の顔については，デスマスクが残されているため，彼の肖像画や彫刻はかなり生前の顔に似ているであろうと考えられる。Newton はメモ魔であり，なんでもかんでもむやみにメモをとっていた。若いころからの膨大なメモが残されている（科学に関することはもとより，賭け事の勝ち負けやお金の貸し借りについてもきっちり残っている）。他人から見れば，ぼーっとしているように見られることが多かったようで，「卵を茹でるはずだったのに，懐中時計を茹でていた」，「ズボンをはかずに役所に出勤した」，「馬がつながれていない手綱を引いて歩いていた」，「夕食を食べ忘れる」などの逸話が残っている。おそらく，単純にぼーっとしていたわけではなく，超人的な集中力で物事を考えていたのであろう。

　Newton は大学3年生のときに，実家の庭に生えていたリンゴの木の下でぼけっとしていて，リンゴの実が落ちるのを見て万有引力の法則を着想したといわれている。東京都文京区にある小石川植物園の「Newton のリンゴの木」は1964年，万有引力発見300年の記念行事をきっかけに英国から苗木を譲り受け，園内に植えたものである。以来，日本全国からさし木苗やつぎ木苗を分けて欲しいという声があがり，いまでは日本中に植えられている。農学部のある

大学や各市の科学館，工業高校などには，かなりの確率で Newton のリンゴの木のクローン（つぎ木）が植えられている。Newton ゆかりのリンゴの木の下で考え事をしてみれば，いい発想が得られるかもしれない？

1.3.3 重さと質量

地球上の物体には地球から引力が働いているので，すべての物体は落下するときに加速度（重力加速度 g）を持って落下していく。地上での重力加速度の大きさは $g = 9.8\,\mathrm{m/s^2}$ である。地球上の物体には下向きの力が加わっているが，その力の大きさが重さである。重さは $W = mg$ で与えられ，この m が質量である。重さは重力の大きさによって異なるが，質量の大きさは重力とは無関係である。

1.3.4 作用・反作用の法則

物体 A が物体 B に力を及ぼす（作用）とき，同時に物体 A は物体 B から力を受ける（反作用）。この大きさは物体 A が物体 B に及ぼす力と同じ大きさで向きが逆になっている。

〔例題 1.2〕
　質量 20 kg の物体 A と質量 10 kg の物体 B とを接触させた状態で，摩擦のない水平な床の上に置いてある（図 1.15）。このとき，物体 A に水平方向に 30 N の力を加えると，物体 A と物体 B は一体となって動く。

図 1.15

（1）このときの加速度を求めよ。
（2）このとき，A が B に及ぼす力の大きさを求めよ。

〔解答〕
（1）A と B が一体となって動くのだから，まとめて質量 30 kg の物体とみなしてよい。したがって，$f = ma$ を適用すれば，$30 = 30a$ より，$a = 1\,\mathrm{m/s^2}$ となる。
（2）物体 B は物体 A から力を受けて $a = 1\,\mathrm{m/s^2}$ という加速度を得ている。し

たがって，A は 10 kg の物体 B に 1 m/s^2 の加速度を生じさせる力を及ぼしているのだから，$f = 10 \times 1 = 10$ N という大きさの力になる。

1.3.5 運動量，エネルギー

運動量（momentum）p とは，物体が衝突したときの衝撃の大きさである。これは一次元であれば

$$p = mv = m\frac{dx}{dt} \tag{1.7}$$

で定義される。物体が重ければ重いほどぶつかったときの衝撃は大きいし，その速度が大きければ大きいほど衝撃は大きい。運動量は保存量である。ある物体がほかの物体に衝突すると，運動量はそれら二つの物体に分配される。そして衝突前後で運動量の総和は変わらない。質量 m_1 の物体が速度 v_1 で，静止している質量 m_2 の物体に衝突し，それぞれの速度が v_1', v_2' になったとする。このとき

$$m_1 v_1 = m_1 v_1' + m_2 v_2'$$

という関係が成立する。これを**運動量保存則**という。

〔例題 1.3〕

一直線上で，左から進んできた質量 m，速さ v の物体と，右から進んできた質量 $2m$，速さ v の物体が衝突して結合したとする。結合後の物体はどの方向にどのくらいの速さで進むか。

ただし，結合によって運動量は失われないとする。

〔解答〕

運動量保存則によって，$mv + (-2mv) = (m + 2m)V$ が成り立つ。したがって

$$V = \frac{-mv}{3m} = -\frac{1}{3}v$$

であるから，結合後の物体は左向きに $(-1/3)v$ の速さで運動する。　　◆

〔解説〕

初めに，v という速度で一方向に運動している物体 A が，ほかの静止している質量 m の物体 B に衝突した結果，その物体 B の速度が v になったとする。この

とき，物体 B の運動量の変化は

$$\int_0^v p dv = \int_0^v mv dv = \frac{1}{2}mv^2 \tag{1.8}$$

である。この量のことを**運動エネルギー**（kinetic energy）と呼ぶ。運動エネルギーは，動いている物体が静止するまでにどれだけの運動量をほかの物体に与えることができるか，という量である。または静止している状態からある速度になるまでにどれだけの運動量を与えられたかという量でもある。エネルギーはスカラー量であって，方向性を持たない。また，エネルギーとはどれだけの**仕事**ができるかという量であるともいい換えられる。仕事（W, work）とは，力 f を加えながら物体をどれだけの距離移動させるかという量である。

$$W = \int_0^x f dx = fx \tag{1.9} \diamondsuit$$

物体に 1 N の力を加えて 1 m だけ動かすときの仕事を 1 J（Joule）と定義する。例えば，壁に画鋲を押し込んで静止したときのように，壁から力 f を受けながら物体を動かし，物体の位置が x だけ変化したときに初速度 v_0 から速度 0 になったとする。画鋲を押し込む方向を正方向とすると，画鋲が壁から受ける力は $f = -ma$ である。式 (1.6) より，このとき $0^2 - v_0^2 = 2ax$ が成り立つから，$x = -v_0^2/2a$ である。したがって，このときの仕事量は

$$W = fx = (-ma)\left(-\frac{v_0^2}{2a}\right) = \frac{1}{2}mv_0^2$$

と求められる。運動している物体は

$$\frac{1}{2}mv^2 = \frac{(mv)^2}{2m} = \frac{p^2}{2m}$$

という大きさの仕事をほかの物体に及ぼすことができる。

エネルギーには運動エネルギーのほかに**ポテンシャルエネルギー**（potential energy）がある。ポテンシャルエネルギーを V と表す。ポテンシャルエネルギーは，物体の位置によって変わるエネルギー量である。こう書くとなんのことかわかりにくいが，物体の位置が変化したときに，その物体が力を受ける場合がある。坂道を登る場合などがよい例であろう。その場合に，その物体が移

動することによってどれだけの仕事をする能力がため込まれるか，というのがポテンシャルエネルギーである．ポテンシャル場から受ける力に対抗しながら，ある距離だけ物体を動かすために必要な仕事量といってもよい．力とポテンシャルエネルギーとの関係は次式のようになる．

$$f = m\frac{d^2x}{dt^2} = -\frac{dV}{dx} \tag{1.10}$$

負の符号がついているのは，物体を受ける力の向きに逆らって動かしたときにポテンシャルエネルギーが蓄えられるためである．重力場にある物体を持ち上げたり，おもりつきのバネを伸ばしたりすればポテンシャルエネルギーが蓄えられる．重力場の中にある物体のポテンシャルエネルギーは位置エネルギーと呼ばれる．重力加速度を g ($g = 9.8 \,\mathrm{m/s^2}$) とすれば，mg という力を受けながら高さ（重力線上の距離）h にある物体は，mg という力に対抗しながら高さ h まで引き上げられたのだから

$$V = \int_0^h mgdh = mgh$$

という位置エネルギーを持つことになる．エネルギーもまた保存量であるので，空気抵抗を無視すれば，これが落下して地表に着くときには，位置エネルギーはすべて運動エネルギーに変換されるので，$mgh = 1/2mv^2$ が成り立つ．したがって，その物体が地表に激突するときの速度は $v = \sqrt{2gh}$ と求められる．

1.3.6 円運動の物理

原点を中心に半径 r の円周上を回っている物体について考える（図 **1.16**）．x 軸と**動径**との角度を θ とする．物体が移動することによって θ の値が大きくなっていく．単位時間当りの θ の変化量を**角速度**と呼び，ω で表す．時刻 0 で回転運動が始まったとすると時刻 t における θ は，$\theta = \omega t$ となる．そのとき，物体の位置座標は，$x = r\cos\omega t$, $y = r\sin\omega t$ となる．

物体の速度は，単位時間内にどれだけの距離を動くかという量である．それは物体の位置座標を t で微分した値にほかならない．x 軸方向の速度成分 v_x は，

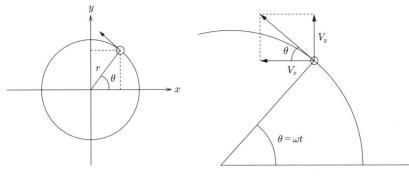

図 1.16 xy 平面上で回転する物体　　**図 1.17** 速度ベクトルと角速度

x を t で微分すれば求められる（**図 1.17**）。

$$v_x = \frac{dx}{dt} = -r\omega \sin \omega t \tag{1.11}$$

同様に y 軸方向の速度成分 v_y は

$$v_y = \frac{dy}{dt} = r\omega \cos \omega t \tag{1.12}$$

である。したがって，物体の速度の大きさは

$$v = \sqrt{\left(\frac{dx}{dt}\right)^2 + \left(\frac{dy}{dt}\right)^2} = \sqrt{r^2\omega^2 \left(\cos^2 \omega t + \sin^2 \omega t\right)} = r\omega \tag{1.13}$$

となる。円運動している物体の速度ベクトルの方向は，円の接線方向である。

それぞれの軸方向の加速度は，それぞれの軸方向の速度成分を時間で微分すれば得られる。したがって，加速度は

$$a = \sqrt{a_x^2 + a_y^2} = \sqrt{\left(\frac{d^2x}{dt^2}\right)^2 + \left(\frac{d^2y}{dt^2}\right)^2}$$
$$= \sqrt{r^2\omega^4 \left(\cos^2 \omega t + \sin^2 \omega t\right)} = r\omega^2 \tag{1.14}$$

となる。円運動は，一定の速度で回っているようでも，その速度ベクトルの向きは時々刻々と変化するので，加速度を持っている。質量を持つ物体が加速度を持ちながら運動しているのだから，この物体には力が働いている。この力は

24　　1. 量子論の誕生

円の中心に向かう力である．この力を**向心力**と呼ぶ．おもりがヒモでつながれて回転運動している場合には，ヒモがこの力を物体に及ぼす．その大きさは

$$f = ma = mr\omega^2 \tag{1.15}$$

$$v = r\omega \quad \text{であるから，} \quad f = m\frac{v^2}{r} \tag{1.16}$$

となる．そして向心力に対して反対方向に，向心力と釣り合う大きさの力が発生する．これが**遠心力**である．遠心力は中心から外に向かう力である．

物体が円周を1周するために要する時間を**周期**と呼び，T で表す．T は円周の長さを物体の速度で割った値になる．円周の長さは $l = 2\pi r$ であるから

$$1\text{周するのに必要な時間} = \frac{\text{円周の長さ}}{\text{単位時間当りに進む距離}}$$

$$T = \frac{2\pi r}{v} = \frac{2\pi r}{r\omega} = \frac{2\pi}{\omega} \tag{1.17}$$

また，時間 T の間に物体は円周上を1周するわけだから，時間 T の間に角度 θ は 2π だけ増加する．したがって，単位時間当りの角度変化である角速度 ω は

$$\omega = \frac{2\pi}{T} \tag{1.18}$$

となる．単位時間当り何回回転できるかという量は ν（振動数）である．$\nu = 1/T$ であるから，ω と ν には $\omega = 2\pi\nu$ という関係がある．

1.3.7　クーロンの法則

距離 r を隔てて a, b という大きさの電荷を持った粒子の間には

$$\boxed{f = \frac{1}{4\pi\varepsilon_0}\frac{ab}{r^2}} \tag{1.19}$$

という大きさの力が働く．この式をクーロンの遠隔作用の式という．ε_0 は真空の誘電率である．したがって，陽子（電荷 $+e$）と電子（電荷 $-e$）の間に働く力は

$$f = \frac{1}{4\pi\varepsilon_0}\frac{(+e)(-e)}{r^2} = -\frac{1}{4\pi\varepsilon_0}\frac{e^2}{r^2}$$

になる。この場合，f は負の値となるので，陽子と電子の間には引力が働く。

原点に陽子を置き，電子を x 軸上で動かすと，電子に働く力の大きさは**図 1.18**（a）のようになる。引力を負方向として描いてある。電子が陽子から距離 r_0 の点にいるとすると，ポテンシャルエネルギーは電子を $x = r_0$ から $x = \infty$ まで引き離すために必要なエネルギーとして定義される。これは図（b）の斜線部の面積に等しい。したがって，次式となる。

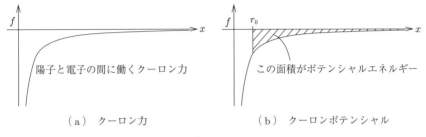

（a）クーロン力　　　　　　（b）クーロンポテンシャル

図 1.18 クーロン力とクーロンポテンシャル

$$V = \int_{r_0}^{\infty} \left(-\frac{1}{4\pi\varepsilon_0}\frac{e^2}{x^2}\right)dx = -\frac{e^2}{4\pi\varepsilon_0}\left[\frac{-1}{x}\right]_{r_0}^{\infty} = -\frac{1}{4\pi\varepsilon_0}\frac{e^2}{r_0} \quad (1.20)$$

1.3.8 電　　　場

クーロン力は，物体どうしが接触していなくても働く。このような力を遠隔力という。遠隔力がなぜ働くかを理解するには，場の概念が必要である。電荷が存在すると，われわれの目には見えないが，その周囲の空間は電荷がなかった場合から変化していて，電場というものができている。電荷によって空間が歪んでいるのである。この歪みはわれわれは直接には感知できない。なぜなら，次元が異なるからである。一次元（直線）の歪みは二次元であり，二次元平面の歪み（凹み）は三次元，そして三次元空間の歪みは四次元世界である。三次元の世界しか見えないわれわれに四次元の世界は直接視覚化できない。だから空間の歪みは直接には感知できないのである。

例えば，正の電荷を持つ粒子があったとする。その電荷の周りの空間は窪み（凹になっている），すり鉢状の空間（場）ができていると想像しよう。粒子があ

る部分がずぼっと沈んでいて，そこを中心に円錐状の曲面（すり鉢状曲面）ができている．この曲面が電場である．凹になっている部分にはほかの物体が引き込まれる，と想像できるだろう．このすり鉢の近くに反対の電荷の粒子を持ち込むと，その粒子はすり鉢に落ち込むわけである．これら粒子間（つまり電荷間）に働く力は，電荷どうしが直接に力を及ぼしあうのではなく，ある電荷が空間を歪めて沈みこんだ場所（あるいは隆起した場所）に，ほかの電荷が落ち込もうとする（あるいは離れようとする）力を受けると考えるのである．電荷と場は接触しているので，遠隔作用という不思議な力を想定しなくても，直接接触しているものどうしの力の伝達で処理することができる．

この考えはFaradayによって導入された．Faradayは電荷の周りに架空のゴム棒が生じるとして電気現象を説明し，定式化することに成功した．架空のゴム棒は，すり鉢の中心に向かう力を表すものである．現代では，そのようなゴム棒を仮定することはない．電荷によって生じた空間の曲面の傾きを計算することで，引力や斥力の強さを知ることができる．さらにその後，電場は一つの実在であることが示されている．電荷どうしの力と同じように，光は電磁波であり，場を介して伝達する．

太陽から光が地球にとどくまで8分かかることはよく知られているが，もし，ある瞬間，突然に太陽が光ることをやめてしまったとしたら，地球に光がとどかなくなるのはその8分後である．ということは，8分間分の電磁波（つまりエネルギー）がなにもないはずの空間中に蓄えられているということになる．空間がエネルギーや力を蓄えることができるということは，空間が単なる空虚なものではなく，歪むことができることを表している．その空間の歪みが物理学でいう「場」である．

電場は電荷に対して力を及ぼす．その力は単純な式で表される．

$$\vec{F} = q\vec{E} \tag{1.21}$$

クーロンの法則から，電荷が作る電界の大きさを計算できる．

クーロンの法則は $f = (1/4\pi\varepsilon_0)(ab/r^2)$ であるから，a という大きさの電荷

が作る電界が

$$E = \frac{1}{4\pi\varepsilon_0}\frac{a}{r^2} \tag{1.22}$$

であるとすれば，b という大きさの電荷との間に働くクーロン力は $f = bE$ となり，式 (1.21) に一致する。いくつかの電荷が存在している場合，ある点における電界の大きさは，それぞれの電荷が作る電界をベクトル的に足し合わせればよい。

$$\vec{E} = \vec{E}_1 + \vec{E}_2 + \cdots + \vec{E}_n$$

電場の性質は電気力線を使えばわかりやすい（**図 1.19**）。電荷から，電荷量に応じた矢印つきの線が発生するとする。正電荷（図（a））からは外向きの矢印の線が，負電荷（図（b））からは内向きの矢印の線が生じるとする。外向きどうしの力線や内向きどうしの力線は反発しあい（図（c）），外向きと内向きの力線はくっついて一つの線になってしまう（図（d））。

点電荷を中心として電気力線は放射状に広がっていく。そして，点電荷を中心とする球体の表面積は半径を r とすれば r^2 に比例して増大する。電気力線の本数は電荷の大きさだけで決まるもので変化しないから，球面を貫く電気力線の密度は半径が大きくなるほど小さくなる。電場の大きさ（強さ）は電気力線の密度で示される。電荷から遠ざかれば遠ざかるほど電場は小さくなる。

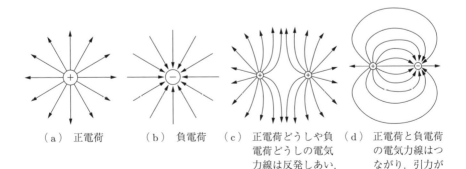

（a）正電荷　（b）負電荷　（c）正電荷どうしや負電荷どうしの電気力線は反発しあい，斥力が働く。　（d）正電荷と負電荷の電気力線はつながり，引力が働く。

図 1.19 電気力線

単位面積当りの電気力線の本数 n と電場 E との関係を

$$n = \varepsilon_0 E \tag{1.23}$$

とする。すると，面積 S を貫く電気力線の本数は

$$N = \varepsilon_0 E S \tag{1.24}$$

となる。いま，点電荷 q を中心とする半径 r の球面を考えると，球の表面積は $S = 4\pi r^2$ であるから

$$N = \varepsilon_0 \times \frac{1}{4\pi\varepsilon_0} \frac{q}{r^2} \times 4\pi r^2 = q$$

となる。これを見ればわかるが，式 (1.19) の式中に現れた $1/(4\pi\varepsilon_0)$ は，じつは電気力線の本数と電荷とを一致させるための比例定数なのである。4π は半径 1 の球体の表面積であり，ε_0 は真空中で電荷の大きさと電気力線の数とを関係づける定数である。ε_0 は**真空の誘電率**と呼ばれる。単位電荷から電気力線が何本描けるか，つまり，クーロン力がどれほど伝わりやすいかを示す値である。

平板上に一様に正電荷だけ，あるいは負電荷だけが分布したとする。すると，電気力線は平板表面から垂直に立つベクトルになる。同じ数の電荷を持つ正電荷の平板と負電荷の平板を接触しないように一定距離を保って重ね合わせる（**図 1.20**）。すると，平板（電極）の間では電気力線がつながり，両平板間の外では電気力線は打ち消しあって電界は 0 になる。両平板間の電界は，Q を面積 S の平板上に蓄えられた電荷量とすれば

$$E = \frac{Q}{\varepsilon_0 S}$$

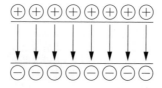

図 1.20 平行に向きあった平板上の電荷と電界

で与えられる。

電極の間に電荷を置けば，その電荷は $F = qE$ という大きさの力を受ける。

〔例題 1.4〕

図 1.21 の A，B，C，D の位置にそれぞれ $+Q, -Q, +Q, -Q$ の電荷が置かれているとする。このとき，B がほかの電荷から受ける力の合力の大きさを求めよ。

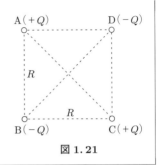

図 1.21

〔解答〕

図 1.22 のように B は，A と C から引力，D から斥力を受ける。

A と C から受ける引力の大きさ：
$$F_A = F_C = -\frac{1}{4\pi\varepsilon_0}\frac{Q^2}{R^2}$$

D から受ける斥力の大きさ：
$$F_D = \frac{1}{4\pi\varepsilon_0}\frac{Q^2}{(\sqrt{2}R)^2} = \frac{1}{4\pi\varepsilon_0}\frac{Q^2}{2R^2}$$

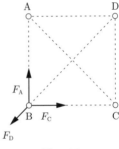

図 1.22

B が受ける合力は，これらのベクトル和になるので

$$F = \sqrt{F_A^2 + F_C^2} - F_D = \frac{\sqrt{2}}{4\pi\varepsilon_0}\frac{Q^2}{R^2} - \frac{1}{4\pi\varepsilon_0}\frac{Q^2}{2R^2} = \frac{(2\sqrt{2}-1)}{4\pi\varepsilon_0}\frac{Q^2}{2R^2}$$

という大きさで D に向かう力を受ける。　　　　　　　　　　　　　　◆

1.3.9 振動と波

図 1.23 に示す波の山の頂点の位置が単位時間に進む距離を波の速度 u とする。いま，この波が時刻 $t = 0$ で図 1.24 のようになっているとすれば，波の変位を表す式として $y = a\cos(2\pi/\lambda)x$ が成立する。図 1.25 に示すように，時

30   1. 量子論の誕生

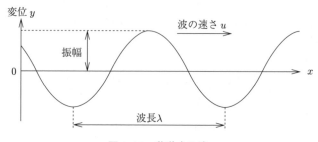

図 1.23 移動する波

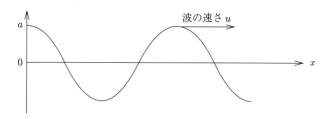

図 1.24 時刻 $t=0$ での波

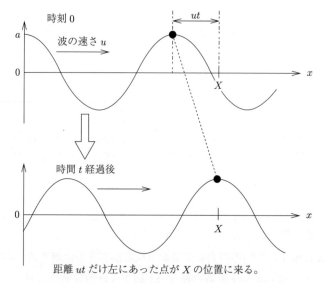

距離 ut だけ左にあった点が X の位置に来る。
図 1.25 時間とともに進行する波

間 t が経過したあとには波は左から右へ ut だけ移動するから，波の式は

$$y = a\cos\frac{2\pi}{\lambda}(x - ut) \tag{1.25}$$

となる．波の振動数 ν は単位時間にある点を通過する波の数であるから

$$\nu = \frac{u}{\lambda} \tag{1.26}$$

となる．ν は単位時間当りの振動の数であるから，その逆数は 1 回の振動にかかる時間，つまり周期 T になる．

$$T = \frac{1}{\nu} = \frac{\lambda}{u} \tag{1.27}$$

式 (1.26) を用いて式 (1.25) を変形すると

$$y = a\cos\left(\frac{2\pi}{\lambda}x - 2\pi\nu t\right) \tag{1.28}$$

が得られる．ここで，$k \equiv 2\pi/\lambda$，$\omega \equiv 2\pi\nu$ とすれば，式 (1.28) は

$$\boxed{y = a\cos(kx - \omega t)} \tag{1.29}$$

となる．ω は円運動のところで説明した角速度である．$\cos\theta$ は偶関数（$\cos\theta = \cos(-\theta)$ が成り立つ）なので，$a\cos(kx - \omega t) = a\cos(\omega t - kx)$ が成り立つ．どちらを使ってもよい．

式 (1.29) を x で微分すると

$$\frac{dy}{dx} = -ak\sin(kx - \omega t)$$
$$\frac{d^2y}{dx^2} = -ak^2\cos(kx - \omega t) = -k^2 y \tag{1.30}$$

同様に式 (1.29) を t で微分すると

$$\frac{dy}{dt} = a\omega\sin(kx - \omega t)$$
$$\frac{d^2y}{dt^2} = -a\omega^2\cos(kx - \omega t) = -\omega^2 y \tag{1.31}$$

したがって

$$\frac{d^2y}{dt^2} = \frac{\omega^2}{k^2}\frac{d^2y}{dx^2} = \left(\frac{\omega}{k}\right)^2\frac{d^2y}{dx^2} = (\lambda\nu)^2\frac{d^2y}{dx^2} = u^2\frac{d^2y}{dx^2}$$

つまり

$$\frac{d^2y}{dt^2} = u^2 \frac{d^2y}{dx^2} \tag{1.32}$$

という関係が成立する．この微分方程式は，速さ u の波が満たす方程式であり，波動方程式と呼ばれる．波動方程式を満たす関数はすべて波の振幅を表す関数である．式 (1.32) は三次元の波動にも拡張され

$$\frac{\partial^2 \psi}{\partial t^2} = u^2 \left(\frac{\partial^2}{\partial x^2} + \frac{\partial^2}{\partial y^2} + \frac{\partial^2}{\partial z^2} \right) \psi = u^2 \nabla^2 \psi \tag{1.33}$$

が成立する．

1.3.10 定常波の式

波の腹（山と谷）と節が交互に並び，右にも左にも進まない波を**定常波**という．定常波は腹の位置と節の位置は変わらず，節以外の各部分がひたすら上下に振動しているものである．これに対して山や谷が一方向に進んでいく波のことを**進行波**という．定常波は，それぞれの場所で上下に同じ調子で振動しており，その振幅が場所によって決まっている波である．

両端を固定された弦の振動を考える（**図 1.26**）．弦は x 軸上で $x = 0$ から $x = l$ の間に張られているとする．弦の両端は固定されているので，両端では振幅は 0 でなければならない．両端と節のところで振幅が 0 になるのだから，振幅は $\sin$ 関数になることがわかる．

$\sin \theta$ の値が 0 になるのは θ が π の整数倍になるとき（**図 1.27**）だから，x が 0 から l までの範囲に $n\pi$ が入っていることになる．$l = n\pi$ のときだけ $\sin l = 0$ になるのである．$\theta : x = n\pi : l$ であるから，$n\pi x = \theta l$ より $\theta = n\pi x/l$ となる．

したがって，振幅は $a \sin(n\pi/l)x$ となる．ここで，a は振幅の最大値である．そして，弦の各部分が同じ周期で振動しているのだから，振動を表す関数は $\cos \omega t$ と表される．したがって，定常波は

$$\psi = a \sin \left(\frac{n\pi}{l} x \right) \cos \omega t$$

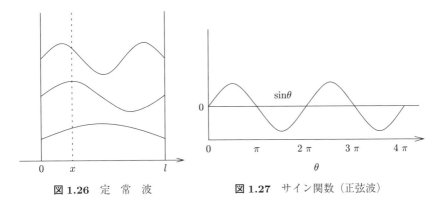

図 1.26 定常波　　　　図 1.27 サイン関数（正弦波）

と表される．また，波のエネルギーは $E = (1/2)ka^2$ で与えられ，振幅の2乗に比例する．

1.3.11　光

光は電磁波である．電磁波とは，電場と磁場とがたがいに誘起しながら空間を伝わるもので，**図 1.28** のように，電場の波と磁場の波の振幅ベクトルが直角に交わっている．物質は光を吸収するが，これは光の電場成分がおもな役目をしている．光の電場が分子中の電子を激しく振動させ，それが光の吸収につながるのである．人間の目が光を感じるのは，網膜にある分子が光の電場によって変化するからである．

光は波であるので，**干渉**や**回折**を生じる．干渉とは，同一の光源から出た二つの光線

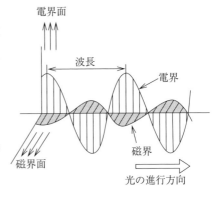

図 1.28　光は電磁波である

を合わせたときに，明るい部分と暗い部分が生じる現象である．これは片方の光の電場の山の位置や谷の位置と，もう片方の光の電場の山の位置や谷の位置が重なることによって生じる．図 1.29 に示すように山どうしが重なれば光電場は強めあって明るくなるが，山と谷が重なれば，光電場は打ち消しあって暗く

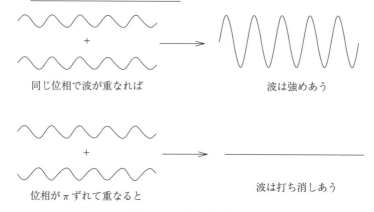

図 1.29 波の重ね合せ

なる.山どうしが重なるか,山と谷とが重なるかは,それぞれの光がスクリーンにたどり着くまでにたどった道筋の距離の差(光路差)によって決まる.光路差が光の波長の整数倍に等しければ山と山が重なり,光路差が波長の半整数倍であれば山と谷とが重なる.

一つの光源から発生した単色光を図 1.30 に示すように二つのスリットを透過させ,その先にスクリーンを置けば,明暗の縞模様が生じる.これが干渉縞である.光がどちらのスリットをくぐったかによって,スクリーン上の各点に至るまでの距離が異なるために,スクリーン上での波の重ね合せによって生じる現象である.回折は,周期的な縞模様で光が反射されるときに,縞模様の間

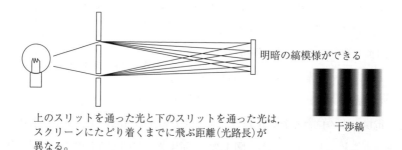

図 1.30 光 の 干 渉

隔で決まるある特定の方向にだけ反射される現象である．これは，それぞれの縞模様で反射された光が到達地点（スクリーン上）で干渉して強めあったり弱めあったりすることによって生じる．どの縞模様のスジで反射されたかによって，スクリーンまでの距離が異なるのである．

1.3.12　Young（ヤング）の実験

図 1.31 のように，光源 A から出た波長 λ の単色光をスリット S に当てると，光はスリットで回折されたのち，さらにスリット S_1, S_2 で回折し，S_1, S_2 から充分離れたスクリーン上に明暗の縞模様を生じる．これは S_1, S_2 から出た光がスクリーン上で重なりあい，干渉するからである．さて，この干渉縞の間隔はどのようになるのだろうか．まず，S_1, S_2 とスクリーン上の点 P との距離はつぎのようになる．

$$\overline{S_1P}^2 = l^2 + \left(x - \frac{d}{2}\right)^2$$

$$\overline{S_2P}^2 = l^2 + \left(x + \frac{d}{2}\right)^2$$

$$\therefore \quad \overline{S_2P}^2 - \overline{S_1P}^2 = 2dx$$

ここで，d はスリット S_1S_2 の間隔，l はスリットとスクリーンとの距離，x をスクリーン上の点の位置座標とする．d および x は l に比べて充分に小さいの

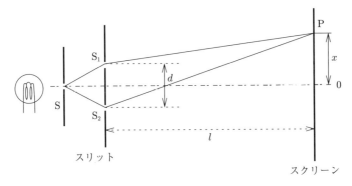

図 1.31　Young の実験

で，$\overline{S_2P} + \overline{S_1P} \approx 2l$ としてよいだろう．

すると，S_1–P と S_2–P の光路差は

$$L = \overline{S_2P} - \overline{S_1P} = \frac{\overline{S_2P}^2 - \overline{S_1P}^2}{\overline{S_2P} + \overline{S_1P}} = \frac{2dx}{\overline{S_2P} + \overline{S_1P}} \approx \frac{2dx}{2l} = \frac{dx}{l}$$

と求められる．この光路差が光の波長の整数倍であれば光は強めあい，半整数倍であれば光は弱めあう．m を整数とすれば

$$\frac{dx}{l} = \begin{cases} m\lambda & \text{(明線)} \\ \left(m + \dfrac{1}{2}\right)\lambda & \text{(暗線)} \end{cases}$$

となる．したがって，明線の位置は

$$x_m = \frac{ml\lambda}{d}$$

となるから，隣りあう明線の間隔はつぎのように求められる．

$$\Delta x = x_m - x_{m-1} = \frac{l\lambda}{d}$$

1.3.13 Bragg（ブラッグ）反射（回折）

X 線は，波長が非常に短い光である．物質を透過する性質が強い光であるが，結晶などの周期的構造を持つ物質に入射したときに回折現象を生じる．X 線は原子の位置で散乱されるが，このとき散乱された X 線どうしが干渉を起こし，特定の方向に進む X 線だけが強められる．**図 1.32** で，第一層目の原子で散乱された X 線と第二層目の原子で散乱された X 線とが重なるのだが，第二層目で散乱された X 線は，第一層目と第二層目の間隔を d とすれば，$2d\sin\theta$ だけ長い距離を飛ばなければならない．そのため，検出器のところで波が重なるときに，第一層目で散乱された X 線と第二層目で散乱された X 線とでは，山と谷の位置がずれる．そのずれが波長の整数倍になるとき，つまり

$$2d\sin\theta = n\lambda \quad \text{（n は整数，λ は X 線の波長）}$$

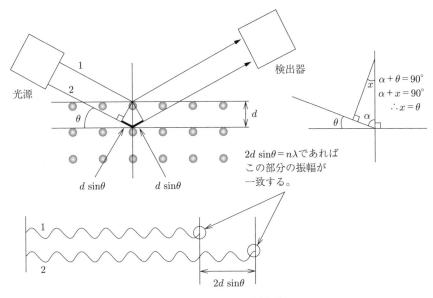

図 1.32 Bragg の回折条件

の関係を満たすときには二つの X 線の山の位置どうしが重なるので検出器のところで X 線は強められる。この式は単純であるが，非常に有用な関係式である。

波長がわかっている X 線を使って測定を行えば未知の結晶の格子間隔 d を調べることができ，逆に格子間隔 d の大きさがわかっている結晶を用いれば X 線の波長を調べることができる。ちなみに，X 線は原子核にぶつかって反射されるわけではなく，おもに原子中の電子によって散乱される。X 線は電磁波であり，それは振動する電場であるから，原子中の電子を激しく振動させる。そして，振動する電子は加速度を持っているから，あらゆる方向に同じ振動数の光を出す。これは Thomson（トムソン）散乱とも呼ばれる。

〔例題 1.5〕
波長 $1.54\,\text{Å}$（$= 1.54 \times 10^{-10}\,\text{m}$）の X 線を岩塩結晶の自然面に当てると，角度 θ が $15.8°$ のとき，第一次の強い反射を生じる。岩塩の格子間隔を求めよ。$\sin 15.8 = 0.272$ とする。

38　　1. 量 子 論 の 誕 生

〔解答〕

$2d\sin\theta = n\lambda$ より

$$d = \frac{n\lambda}{2\sin\theta} = \frac{1 \times 1.54}{2 \times 0.272} = 2.83 \text{ [Å]}$$

◆

1.3.14　次 元 解 析

ある物理量の単位がどのような次元（ディメンション）であるかに注意することは大切である。長さをL，質量をM，時間をTで表すと，速さは長さを時間で割った量だから，LT^{-1} となる。すべての物理量は基本単位の次元の組合せで表される。

　　　速さ = 距離 ÷ 時間より　　　速さ = LT^{-1}

　　　加速度 = 速度変化 ÷ 時間より　　　加速度 = $LT^{-1}/T = LT^{-2}$

　　　力 = 質量 × 加速度より　　　力 = $M \cdot LT^{-2} = LMT^{-2}$

　　　仕事 = 力 × 距離より　　　仕事 = $LMT^{-2} \cdot L = L^2MT^{-2}$

物理量どうしの関係式において，左辺と右辺とで次元が一致することは必須の条件である。もし，左右で次元が異なっているなら，その式は間違っていることになる。

1.4　Bohrの原子モデル

Bohrは，太陽系型の原子構造からBalmerの式（Rydbergの式）

$$\nu = \frac{c(n^2-4)}{bn^2} = R\left(\frac{1}{2^2} - \frac{1}{n^2}\right) \quad (n \text{ は 3 以上の整数 } 3, 4, 5 \cdots)$$

を導き出すために，二つの**仮定**を設けた（「仮定」とは，根拠のないルールである）。

① **「Bohrの量子条件」**　　電子は安定な軌道の上だけを運動し，この軌道上を運動している間は光を放出しない。この軌道は $m_e vr = nh/2\pi$ を

1.4 Bohrの原子モデル

満たす（n は整数，m_e は電子の質量）。

② 「**振動数条件**」　量子条件から得られる一つの安定な軌道（エネルギー E_n）からほかの軌道（エネルギー E_m）に移るときにだけ光の吸収または放出が起こり，そのときに放出または吸収される光の振動数 ν は $h\nu = |E_m - E_n|$ を満たす。ここで $m > n$ である。

重要な点は，電子が回る**軌道**があるということである。この軌道上を動く限り，電子はエネルギーを失わないというのが Bohr の主張である。

①，②の仮定をもとに図 1.33 に示す水素原子の電子の運動を計算してみると，原子核と電子の間に働くクーロン引力 F は

$$F = \frac{e^2}{4\pi\varepsilon_0 r^2}$$

で与えられる。ここで，e は電子の電荷，ε_0 は真空の誘電率である。この大きさの力で，電子は原子核に引きつけられている。

電子には，核からのクーロン引力が働き，さらに電子が核の周りを回転運動することによって遠心力が働いている。このクーロン引力と遠心力とが釣り合っているから

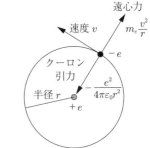

図 1.33　水素原子の電子の力の釣合い

$$F = m_e \frac{v^2}{r} = \frac{e^2}{4\pi\varepsilon_0 r^2} \tag{1.34}$$

条件①の $m_e v r = nh/2\pi$ より

$$v = \frac{nh}{2\pi m_e r} \quad (n = 1, 2, 3 \cdots) \tag{1.35}$$

式 (1.35) を式 (1.34) に代入して r を求めると

$$r = n^2 \frac{\varepsilon_0 h^2}{\pi m_e e^2} \tag{1.36}$$

となる。$n = 1$ のときの半径 $\varepsilon_0 h^2 / \pi m_e e^2$ を **Bohr 半径**と呼ぶ。これは定数（$= 0.529\text{Å} = 5.29 \times 10^{-11}$ m）であり，基底状態（エネルギーが最も低い状

態) での水素原子の半径である.電子はこの n^2 倍の半径の軌道を回っていることになる.

式 (1.34) の両辺に $r/2$ を掛ければ,運動エネルギー K が得られる.

$$K = \frac{1}{2}m_e v^2 = \frac{e^2}{8\pi\varepsilon_0 r}$$

ポテンシャルエネルギー(位置エネルギー)U は

$$U = -\frac{e^2}{4\pi\varepsilon_0 r}$$

であるから,全エネルギー($E_n = K + U$)は

$$K + U = -\frac{e^2}{8\pi\varepsilon_0 r}$$

となる.この式に式 (1.36) を代入すると

$$E_n = -\frac{m_e e^4}{8\varepsilon_0^2 h^2 n^2} \tag{1.37}$$

と,エネルギーの値が計算できる.エネルギーは n の値(整数)によって,飛び飛びの値であり,エネルギーの値が変化するときには,段階的な変化しかできない.このような,Bohr の仮定を満たす軌道,つまり

$$\boxed{\begin{array}{l} \text{半径 } r = n^2 \dfrac{\varepsilon_0 h^2}{\pi m_e e^2} \\ \text{エネルギー } E_n = -\dfrac{m_e e^4}{8\varepsilon_0^2 h^2 n^2} \end{array}}$$

という条件を満たしている限り,電子は電磁波を放出しないと Bohr は考えたのである.この状態のことを,Bohr は**定常状態**と呼んだ.そして,半径 $r = n^2(\varepsilon_0 h^2/\pi m_e e^2)$ となる円周を軌道とした.そして,仮定 ② より,この水素から**図 1.34** のように光が放出されるとき,$h\nu = |E_n - E_m|$ であるから,式 (1.37) を使って計算すると

$$h\nu = E_n - E_m = \frac{m_e e^4}{8\varepsilon_0^2 h^2}\left(\frac{1}{m^2} - \frac{1}{n^2}\right)$$

$$\therefore \nu = \frac{m_e e^4}{8\varepsilon_0^2 h^3}\left(\frac{1}{m^2}-\frac{1}{n^2}\right)$$

ここで，$m=2$ とすると，Balmer の式（Rydberg の式）に一致する．$m_e e^4/8\varepsilon_0^2 h^3$ が Rydberg 定数 Rc ということになる．この $m_e e^4/8\varepsilon_0^2 h^3$ を計算して得られた値は，実験的に得られた Rydberg 定数と一致していた．このように，Bohr は，電子が制限された運動量の軌道しかとらないと仮定し，水素原子のスペクトルを見事に説明することができた．

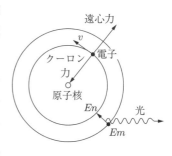

図 1.34 Bohr の原子模型

しかし，Bohr の理論は，多電子原子のスペクトルをまったく説明することができなかった．さらに，Bohr の理論の基礎になっている二つの仮定の根拠は，この時点ではまったくわからなかった．Bohr は量子力学建設における巨人となったが，それは具体的業績よりもむしろ彼が多くの人々との交流と議論を好み，コペンハーゲンの Bohr の研究所で多くの研究者たちに自由な議論と研究の場を与えたことによる．「Pauli の排他原理」を提唱した Wofgang Ernest Pauli（パウリ，オーストリア，1900〜1958 年）や不確定性原理を見出した Heisenberg

Pauli は厳密屋で，議論では相手を徹底的にやりこめることで有名だった．Heisenberg は Pauli の厳密さと率直さを美徳と認め，行列力学を世に発表する前に論文を Pauli に読んでもらったそうである．左から Bohr, Heisenberg, Pauli．

Pauli と Bohr．回転するフタを見ている．シャンパンかワインのフタだろうか．

も Bohr とともに研究を行った。Bohr とともに量子力学の解釈を作っていった人たちをコペンハーゲン派と呼んだりする。

章 末 問 題

問題 1.1 以下の空欄を埋めよ。
(1) 高校化学では，化学結合には五つの種類があるとされている。それは，（ ① ），（ ② ），（ ③ ），（ ④ ），（ ⑤ ）である。
(2) 1本の共有結合は，（ ⑥ ）個の電子で作られる。
(3) 共有結合は，結合する原子が電子を出しあい，結果的にそれぞれの原子の最外殻電子状態が（ ⑦ ）と同じになると安定になる。この考えは（ ⑧ ）説と呼ばれる。
(4) クーロン結合は，（ ⑨ ）と呼ばれる力によって形成され電荷+qと-qの原子がクーロン結合するときには，その強さは（ ⑩ ）となる。

問題 1.2 前期量子論が成立するに至った歴史的な経過を簡単に説明せよ。

問題 1.3 Rutherford の実験がどんなものであったか説明せよ。

問題 1.4 主要部分が加熱装置，黒体，プリズム，光強度測定器から構成される装置で黒体放射をできる限り精密に測定したい場合，これら以外にどのような装置を加える必要があるか考えよ。

　黒体放射の研究では，黒体の温度と放射光の波長，強度との関係を正確に測定することが重要である。自分が黒体放射の研究をすることになった場合，どのような装置を用いるべきか，できる限り細部まで設計してみよ。

問題 1.5 Rutherford の原子モデルにおける矛盾点とはなんであったか説明せよ。

問題 1.6 Bohr の原子モデルにおける仮定とはどのようなものであったか述べよ。

問題 1.7 高いエネルギー状態にある水素原子から光が放出されるとき，その光のエネルギーが $h\nu = m_e e^4/8\varepsilon_0^2 h^2 \left(1/a^2 - 1/b^2\right)$ となることを，水素原子の電子が $m_e vr = nh/2\pi$ を満たして存在していることをそれぞれ用いて導け．

問題 1.8 つぎの場合の基底状態の水素原子の電子の速度を求めよ．

（1） 遠心力とクーロン力が釣り合う条件から．

（2） $n=1$ のエネルギー E_0 と電子の運動エネルギー $E = 1/2mv^2$ とから．

2章
Schrödinger方程式と量子力学の誕生

Bohrの原子モデルを使えば，放電管中でエネルギーを与えられた水素原子から放出される光の波長を説明することができた。この事実は，Bohrの原子モデルが実際の水素原子の中の電子のエネルギーを正しく記述していることを示している。しかし，なぜ電子の角運動量が$h/2\pi$の整数倍になるのかはまったく不明であった。

2.1 光の波動性と粒子性

Einsteinによって，光は電磁波であると同時に$h\nu$というエネルギーを持った粒子としての性質も有する，という光の二重性が提唱された。これは，1923年にAuthur Holly Compton（コンプトン，米国，1892～1962年）の実験によって証明された。Comptonは，X線（波長が極端に短い光）を物質に照射し，そこから出てくる散乱X線の波長を調べた（図2.1）。その結果，散乱されたX線の中にはもとのX線よりも波長が長くなったものが含まれることを見出した。これは，X線が電場の波であると考えるとうまく説明できないが，X線が運動量$p = h\nu/c$を持つ粒子であると考えれば説明ができる。

Authur Holly Compton

$p = h\nu/c$は，Einsteinの相対性理論から導かれる電磁波の運動量である。もし，X線があたかも粒子のように物質中の電子と衝突して運動量の一部を電子に与えるなら，散乱されたX線の運動量は小さくなり，その分だけ波長が長くなるであろう。いま，pという運動量を持ったX線が電子と衝突して，電

2.1 光の波動性と粒子性

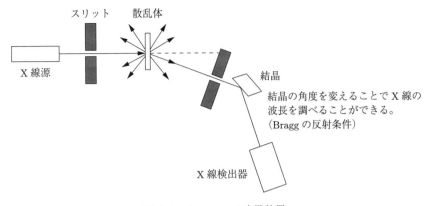

図 2.1 Compton の実験装置

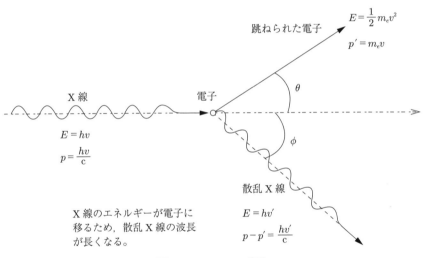

図 2.2 Compton 効果

子は p' という運動量をもらったとする（**図 2.2**）。すると，衝突の前後で運動量の総和は保存されなければならないから，X 線の運動量は $p - p'$ になる。$p - p' = h\nu'/c$ だから，$\nu' = c(p-p')/h$ となり，振動数 ν' は ν より小さくなる。波長は c/ν' だから，散乱された X 線の波長は長くなるわけである。この実験によって，光は振動数に比例する運動量を持つ粒子として振る舞うことが明らかとなった。

2.2 物質の波動性

de Broglie

1924年,de Broglie(ド・ブローイ,フランス,1892〜1987年)は「物質は波である」といい始めた。これは,光(波)が粒子(物質)の性質を持つということを単純にひっくり返したというわけではない。de Broglie は Bohr の量子条件の意味を考えたのである。Bohr の円軌道の半径は,整数の2乗に比例していた。この理由はなにか? de Broglie は電子を波と考えれば説明がつくことに気がついた。電子を波と考え直して円軌道を波で描いてみる。

波が円周上の1点から出発して円軌道を1周し,またもとの点に戻ったときに同じ波の状態になるためには波長をうまく調節しなくてはならない。そのためには円周の長さを波長で割った値が整数であること(つまり,割り切れる)が必要である(図 2.3)。もし,円周が波長の整数倍でないなら,波は円周上を回るうちに打ち消しあって消滅してしまう(図 2.4)。した

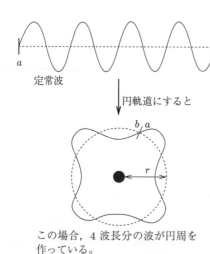

この場合,4波長分の波が円周を作っている。

図 2.3 定 常 波

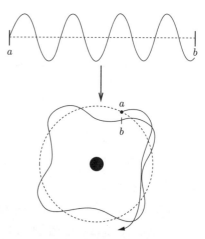

図 2.4 円周の長さが波長の整数倍になっていない場合

がって，これを逆にいうなら，電子の波長を決めれば，その波が1波長で回る円，2波長で回る円……というふうに，円周の長さが波長の整数倍になった円でなければならない。ここで整数が導入される。

$$2\pi r = n\lambda$$

軌道半径は遠心力とクーロン力との釣合いによって決まる。

$$m_e \frac{v^2}{r} = \frac{1}{4\pi\varepsilon_0}\frac{e^2}{r^2}$$

$$\frac{p^2}{m_e r} = \frac{1}{4\pi\varepsilon_0}\frac{e^2}{r^2}$$

$$\therefore \quad r = \frac{e^2 m_e}{4\pi\varepsilon_0 p^2}$$

したがって，r は運動量の2乗 (p^2) に反比例する。もし，電子の運動量と波長が反比例するなら，r は波長の2乗に比例することになる。$\lambda = 2\pi r/n$ であるから，A を比例定数とすれば

$$r = A\left(\frac{2\pi r}{n}\right)^2$$

となるので

$$r = \frac{n^2}{4A\pi^2}$$

が成り立つ。したがって，軌道半径は整数の2乗に比例する。これは，Bohr の結論と一致する。そして，質量 m の物体が速さ v で運動するときに波長が

$$\lambda = \frac{h}{mv} \tag{2.1}$$

となるなら Bohr のモデルを説明できるということを de Broglie は見出した。これを**物質波**または **de Broglie 波**と呼ぶ。水素原子の軌道の1周の長さ $2\pi r$ が，電子の物質波の波長の整数倍であるなら，式 (2.1) から

$$2\pi r = n\lambda = n\cdot\frac{h}{m_e v}$$

したがって

$$m_e v r = n \cdot \frac{h}{2\pi}$$

となり，角運動量が $h/2\pi$ の整数倍になるという Bohr の量子条件と一致する．つまり，de Broglie は，電子の物質波が打ち消されないように存在する条件を考えれば，Bohr の量子条件が必然的に導入されることを示したのである．しかし，de Broglie の物質波の波長を表す式 (2.1) は Bohr の量子条件に一致するように導かれたものであるから，物質波の存在を示すためには式 (2.1) を理論とは別に，実験的に証明する必要があった．電子は質量も電荷も持っているので，明らかに粒子としか考えられない．それにもかかわらず電子が波としての性質を持っているということは，なかなか理解しがたいものであった．しかし，まもなく (1927 年)，Davisson, Germer, Thomson らによって電子の波動性は実験的に検証された．電子ビームをニッケルの結晶に当てると，X 線のように Bragg 回折されることがわかったのである．つまり，運動する電子が波の性質を持っていた．そして，回折角の測定から電子の波長を計算すると，$\lambda = h/m_e v$ に一致することがわかり，式 (2.1) が実験的に証明されたのである．ちなみに現在，電子が光のように波の性質を持っていることを利用して，電子顕微鏡が実用化されている．電子の運動量を高電圧で大きくすることで波長を短くし，倍率を高めることができる（〜数十万倍）．顕微鏡は，用いる光の波長が短いほど高い解像度を得ることができる．4 万ボルトの電圧で電子を加速すると，電子の波長は X 線並み（1 pm〜10 nm）になる．X 線は透過力が強く，レンズで曲げることができないので扱いにくいが，電子線は電界で曲げることができるので，電子線を光の代わりに使った顕微鏡を作ることができる．

しかし，この「物質波」が一体なんなのか，ということについては理論的に正確な答は得られていない．物質波の波長は運動量から導かれるが，振幅についての情報はまったくない．直線的に運動している物質はじつは蛇行している？ そんなはずはない．では，その振幅はなにを表しているのか？ ……その後，多くの物理学者たちによって，この波についての検討が始まった．さまざまな議論の末，この物質波の振幅は，その物質を実験的に見出す確率に関

係すると考えるのが妥当である，という結論になった（**Bornの確率解釈**）。さまざまな実験結果から見て，加速された電子が波動性を持っていることは明らかである。しかし，電子線の波動性，特に干渉はいま現在でも謎に満ちた現象である。**図 2.5** のように二つのスリットに向けて電子を飛ばす実験を行うと，スクリーン上に干渉縞が現れる。電子線が波の性質を持っている証拠である。そして電子線の強度を極端に小さくし，一度に 1 個の電子しか出ないようにした実験が行われた（1989 年，日立基礎研究所　外村　彰博士）。一度に 1 個しか電子が出ないのであれば，波が 1 本なわけだから，干渉は起こらないはずである。それにもかかわらず，スクリーン上には明瞭な干渉縞が現れた（一電子干渉）。これは，まったく説明できない現象である。実験系ができた時点で干渉縞もできてしまうのだろうか？　この謎は，いまだに解明されていない。

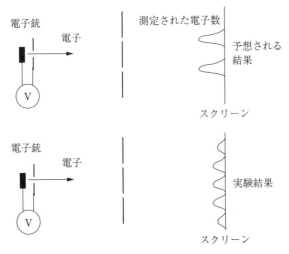

図 2.5　一電子干渉実験

2.3　Heisenbergの不確定性原理

　1925 年，当時 24 歳だった Heisenberg は，鼻炎の療養で北海のヘルゴランド島に滞在していた。そこで Heisenberg は水素放電管のスペクトル強度と振動

Heisenberg

数に焦点を当てて考察を行い，新しい力学体系を創り上げた。Heisenberg は量子力学の最初の論文を書き上げたとき，それを発表するかどうかを「パウリの排他原理」で有名な Pauli に相談している。Pauli は厳密な理論展開を好んだ人で，他人の研究についても徹底して厳密さを求めた。そのため，学術上の討論では，相手にもうこれ以上研究する気をなくさせるほど厳しく追及したそうである。Heisenberg は自分の考えが Pauli を納得させるだけのものなのかを試したかったのだ。

Pauli は Heisenberg の論文の草稿を読んですぐにその論文を支持するとの返事をしている。Heisenberg の論文は多数のスペクトル強度と振動数を伴う方程式からなっていた。それはのちに Born と Jordan（ヨルダン，ドイツ，1902～1980 年）によって，行列の形式を使って整理された。しかし行列数学の形式は当時整理されたばかりの新しい手法で，数学の達人であった Pauli にとってさえ Heisenberg の力学を水素原子に適用することは容易ではなかったという。3週間の苦闘ののち，Pauli は Heisenberg の量子力学を用いて Bohr と同じ式を導出することに成功した。量子力学は Heisenberg によって創られたといってよいが，数学的取り扱いが複雑でありすぎたため，Heisenberg よりやや遅れて創られた Schrödinger の波動方程式の形式が一般に受け入れられた。ただし，量子力学を扱うには，波動方程式よりも行列形式のほうが優れている場合も多い。さらに翌年，Heisenberg は粒子の運動を観測するとはどういうことなのかについて深い考察を行い，驚くべき事実を発見した。Heisenberg によれば，電子の位置の誤差 Δx（つまり，電子の位置を測定したときに Δx くらい誤差がある）と x 軸方向の運動量の誤差 Δp_x とは

$$\Delta x \cdot \Delta p_x \geqq h \tag{2.2}$$

という関係になる（正確には $\Delta x \cdot \Delta p \geqq h/4\pi$）。これを変形すれば，$\Delta p_x \geqq h/\Delta x$ だから，電子の位置を正確に求めれば求めるほど（分母の Δx が小さく

なればなるほど),そのときの運動量の誤差 Δp はどんどん大きくなってしまう。もし,電子の位置を完全に正確に求めたら ($\Delta x \to 0$),運動量はまったくわからなくなる ($\Delta p \to \infty$)。ほかの座標軸成分についても同様で,Δp_y と Δy や Δp_z と Δz はそれぞれ同時に正確に決めることはできない。ただし,方向の異なる成分どうし,つまり Δp_x と Δy や Δz はそれぞれ同時に正確に決めることができる。また,エネルギーが伝達される場合に,そのエネルギーの大きさとエネルギーが伝達された時刻についても不確定性原理が成り立つ。

$$\Delta t \cdot \Delta E \geqq h \tag{2.3}$$

エネルギーの大きさと時刻の,どちらかを正確に決めると,もう片方はまったくわからなくなる。不確定性原理が働く測定量の組合せが重要で,Δp_x と Δx,あるいは ΔE と Δt という組合せでは,それらを同時に決められないのである。Δp_x と Δt,または ΔE と Δx の組合せなら,両者を同時に正確に求めることができる。

　量子力学によって生まれた「物質波の振幅はその物体がある状態をとる確率に結びつけられ,さらに物質の状態についての測定結果は不確定性原理に従う」という新しい考えは,当時の多くの物理学者には受け入れがたいものであった。特に,「Der Alte wülfelt nicht !(神様はサイコロ遊びはしない!)」と主張する Einstein と量子力学の擁護者 Bohr は長年にわたって大論争を繰り広げることになる。

Einstein は自然の中に不確かなものがあるという量子力学の考え方を非常に嫌った。

Bohr と Einstein

■ 原子の安定性と不確定性原理

不確定性原理を用いて，水素原子の電子が陽子の位置に落ち込まない理由を説明できる。陽子の周りで運動している電子が Δx, Δy, Δz 程度の空間的領域の中で Δp_x, Δp_y, Δp_z 程度の運動量を持っているとすると，全エネルギーは

$$E = \frac{1}{2m}\left(\Delta p_x^2 + \Delta p_y^2 + \Delta p_z^2\right) - \frac{1}{4\pi\varepsilon_0}\frac{e^2}{\sqrt{\Delta x^2 + \Delta y^2 + \Delta z^2}}$$

である。Δx, Δy, Δz, Δp_x, Δp_y, Δp_z はそれ自身，位置および運動量の不確定さだから

$$\Delta x \geqq \frac{h}{\Delta p_x}, \quad \Delta y \geqq \frac{h}{\Delta p_y}, \quad \Delta z \geqq \frac{h}{\Delta p_z}$$

これを上式に代入すると

$$E \geqq \frac{1}{2m_e}\left(\Delta p_x^2 + \Delta p_y^2 + \Delta p_z^2\right) - \frac{1}{4\pi\varepsilon_0}\frac{e^2}{h}\left(\frac{1}{\Delta p_x^2} + \frac{1}{\Delta p_y^2} + \frac{1}{\Delta p_z^2}\right)^{-\frac{1}{2}}$$

となる。x 方向，y 方向，z 方向をそれぞれ特別に区別する必要はないから

$$\Delta p_x \approx \Delta p_y \approx \Delta p_z \approx \Delta$$

と置いてよい。したがって

$$E \geqq \frac{3}{2m_e}\Delta^2 - \frac{1}{4\pi\varepsilon_0}\frac{e^2}{h}\frac{1}{\sqrt{3}}\Delta$$

と書き改められる。右辺は $\Delta = \Delta_0 \equiv (m_e e^2)/(12\sqrt{3}\pi\varepsilon_0 h)$ のとき最小値をとり，E はこれ以上小さくはならない。すなわち，電子が陽子の近くに落ち込んでいくと位置の不確定さは小さくなるから，運動量が大きくなって外へはじき出され，一方，外へはじき出されれば，ポテンシャルエネルギーが大きくなって内側へ引き込まれたほうが安定となる。このようにして，上の Δ_0 が決まっている。水素原子のおおよその大きさは

$$\Delta x = \frac{h}{\Delta_0} = \frac{12\sqrt{3}h^2\pi\varepsilon_0}{m_e e^2} \approx 1.0 \times 10^{-8} m$$

と計算できる。不確定性原理から水素原子の大きさはこの程度以上であることが求められる。したがって，電子が原子核に落ち込むことはない。

このように，不確定性原理は原子の安定性を保証している。

★ここで，この式の次元を調べてみよう。本当に長さの次元になるのだろうか。

重さを kg（キログラム），長さを m（メートル），時間を s（秒），電流を A（アンペア），力を N（ニュートン）とすれば，エネルギー J（ジュール）は

$$J = N \cdot m = kg \cdot m^2 \cdot s^{-2}$$

静電容量 F（ファラド）は $F = m^{-2} \cdot kg^{-1} \cdot s^4 \cdot A^2$，電荷 C（クーロン）は $C = A \cdot s$ であるから

$$\frac{12\sqrt{3}h^2\pi\varepsilon_0}{m_e e^2} \to \frac{(J \cdot s)^2 F \cdot m^{-1}}{kg \cdot C^2}$$

$$= \frac{kg^2 \cdot m^4 \cdot s^{-4} \cdot s^2 \cdot m^{-2} \cdot kg^{-1} \cdot s^4 \cdot A^2 \cdot m^{-1}}{kg \cdot A^2 \cdot s^2} = m$$

となり，ちゃんとメートル（つまり長さの次元）になっている。

2.4　Schrödinger 方程式

1926 年，当時 38 歳の Schrödinger は de Broglie の物質波の振幅が満たすべき関係式について考察した。一次元軸上を伝播する波は，$\partial^2 y/\partial t^2 = u^2(\partial^2 y/\partial x^2)$ という方程式を満たす。ここで，y は波の変位（振幅），u は波の移動速度である。この方程式のことを**波動方程式**という。この方程式を xyz 三次元に拡張すると，$\frac{\partial^2 \varphi}{\partial t^2} = u^2 \nabla^2 \varphi$ となる。∂ は，「ラウンドディー」あるいは単に「ディー」と読む。∇ は，**ナブラ** (nabla) と読み

$$\nabla \equiv \left(\frac{\partial}{\partial x}, \frac{\partial}{\partial y}, \frac{\partial}{\partial z} \right)$$

で定義されるベクトル**演算子**である。「ナブラ」という名前は古代アッシリアの竪琴（nevel）の形にちなんで付けられた。ある関数に ∇ を作用させることは，その関数のすべての変数について微分を行い，その結果

竪琴（nevel）のレリーフ

をベクトル表示するという作業になる。∇ を 2 回作用させると

$$\nabla^2 = \nabla \cdot \nabla = \frac{\partial^2}{\partial x^2} + \frac{\partial^2}{\partial y^2} + \frac{\partial^2}{\partial z^2}$$

となる。∇^2 はベクトルの内積 $\nabla \cdot \nabla$ だからスカラー的である。∇^2 はナブラ2乗と読み，ラプラシアンともいう。∇^2 の代わりに Δ を用いることもある ($\nabla^2 \varphi \equiv \Delta \varphi$)。

ここで，**定常波**を考える (**図 2.6**)。定常波は，$y = a\sin(n\pi/l)x \cdot \cos\omega t = A(x)\cos\omega t$ で表される。ここで，$a\sin(n\pi/l)x$ は x だけの関数で，定常波の振幅を x の関数として表しており，**振幅関数**と呼ばれる。$\cos\omega t$ は時間 t のみの関数で，**振動関数**と呼ばれる。弦の振動を考えるなら，弦の各点がそれぞれ $a\sin(n\pi/l)x$ で表される異なった振幅で，$\cos\omega t$ に従って同じ周期で同時に振動しているのが定常波である。三次元の定常波は $\varphi = \phi(r)\cos\omega t$ と書ける。これを波動方程式に代入すると

$$\frac{\partial^2 \varphi}{\partial t^2} = -\phi(r)\omega^2 \cos\omega t = -\omega^2 \varphi = u^2 \nabla^2 \varphi$$

したがって

$$u^2 \nabla^2 \varphi + \omega^2 \varphi = 0$$

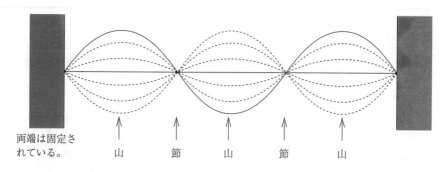

両端は固定されている。　山　節　山　節　山

山や谷の位置は変化せず，ただ振動しているだけの波。

図 2.6 定 常 波

2.4 Schrödinger方程式

これを変形して

$$\nabla^2 \varphi + \left(\frac{\omega}{u}\right)^2 \varphi = 0$$

$\omega/u = k$ と置くと

$$\boxed{\nabla^2 \varphi + k^2 \varphi = 0} \tag{2.4}$$

となる。これは，波数 k の定常波の振幅 ψ が満たすべき方程式である。この式は，位置座標についての微分演算子だけを含み，時間 t についての演算は含まれない。つまり，波動関数 φ に含まれる $\cos\omega t$ の部分は式 (2.4) に代入しても変わらない（定数と同じ）ので，両辺を $\cos\omega t$ で割ってしまうことができる。したがって，式 (2.4) は振幅だけの方程式となる。

$k = \omega/u = 2\pi/\lambda$ は，角周波数と呼ばれる。de Broglie の式 $\lambda = h/m_e v = h/p$ を k の式に代入すると，$k = 2\pi/(h/p) = p/(h/2\pi) = p/\hbar$ となる。

$h/2\pi$ は，よく出てくる物理定数なので，これを $\hbar$ ($\hbar = h/2\pi$) と書く。$\hbar$ はエイチバーと読む。この k を定常波の波動方程式 (2.4) に代入すると

$$\nabla^2 \varphi + \left(\frac{p}{\hbar}\right)^2 \varphi = 0$$

となる。x, y, z 軸方向のそれぞれの成分を使って書き直すと

$$\left(\frac{\partial^2}{\partial x^2} + \frac{\partial^2}{\partial y^2} + \frac{\partial^2}{\partial z^2}\right)\varphi + \frac{p_x^2 + p_y^2 + p_z^2}{\hbar^2}\varphi = 0$$

となる。これを変形して

$$\begin{aligned}
[p_x^2 + p_y^2 + p_z^2]\varphi &= -\hbar^2\left[\left(\frac{\partial}{\partial x}\right)^2 + \left(\frac{\partial}{\partial y}\right)^2 + \left(\frac{\partial}{\partial z}\right)^2\right]\varphi \\
&= \left[\left(\frac{\hbar}{i}\frac{\partial}{\partial x}\right)^2 + \left(\frac{\hbar}{i}\frac{\partial}{\partial y}\right)^2 + \left(\frac{\hbar}{i}\frac{\partial}{\partial z}\right)^2\right]\varphi
\end{aligned}$$

ここで，i は虚数 $\sqrt{-1}$ である。

この式を眺めると

$$\begin{aligned} p_x &\to \frac{\hbar}{i}\frac{\partial}{\partial x} \\ p_y &\to \frac{\hbar}{i}\frac{\partial}{\partial y} \\ p_z &\to \frac{\hbar}{i}\frac{\partial}{\partial z} \end{aligned}$$

という関係が見てとれる。ナブラを使って書き直せば

$$p \to \frac{\hbar}{i}\nabla \tag{2.5}$$

となる。この関係は，de Broglie の物質波を定常波の波動方程式に組み込んだときに出てくる。したがって，物質が運動量を持つことで物質波が生じ，その波が定常状態になっているときに，この関係が必要になると考えられる。

物質が運動しているとき，その全エネルギー E は運動エネルギーとポテンシャル（位置）エネルギーの和で与えられる。

$$E = \frac{1}{2}mv^2 + V(r) = \frac{p^2}{2m} + V(r)$$

この式に $p \to (\hbar/i)\nabla$ の関係を使うと

$$-\frac{\hbar^2}{2m}\nabla^2 + V(r) \to E$$

この式には，左辺にむき出しの演算子があるから，このままでは方程式にならない。演算子は必ず関数に作用していなければならない。この式の両辺が物質波の振幅を表す波動関数 $\psi(r)$ に作用すると考えて，つぎのような形にする。

$$\left[-\frac{\hbar^2}{2m}\nabla^2 + V(r)\right]\psi(r) = E\psi(r) \tag{2.6}$$

これが，**Schrödinger 方程式**である。

$[-(\hbar^2/2m)\nabla^2 + V(r)]$ を**ハミルトン演算子**または**ハミルトニアン**と呼び，$\hat{H}$ で表す（エイチキャップと読む）。すると Schrödinger 方程式は，$\hat{H}\psi = E\psi$ と

2.4 Schrödinger方程式

表される。ハミルトン演算子を波動関数に作用させると，(定数) $\times \psi$ $(E\psi)$ になる。この定数 E を**エネルギー固有値**という。運動量と演算子の対応関係をエネルギーの式に代入する，というわけのわからないことをしなくても，Schrödinger方程式は古典的な波動方程式に de Broglie の関係式を代入することだけでも得られる。一次元の波動方程式は，波の速さを u とすれば

$$\frac{\partial^2 \varphi}{\partial x^2} = \frac{1}{u^2}\frac{\partial^2 \varphi}{\partial t^2}$$

である。これに定常波の式 $\varphi = \psi(x)\cos\omega t$ を代入すれば

$$\frac{d^2\psi(x)}{dx^2} + \frac{\omega^2}{u^2}\psi(x) = 0$$

となる。ここで，$\omega = 2\pi\nu$, $u = \lambda\nu$ であるから

$$\frac{d^2\psi(x)}{dx^2} + \frac{4\pi^2}{\lambda^2}\psi(x) = 0 \tag{2.7}$$

となる。ここで，de Broglie の関係式 $\lambda = h/p$ を導入する。物質の全エネルギーは $E = p^2/2m + V$ であるから，$p = \sqrt{2m(E-V)}$ である。したがって，$\lambda = h/\sqrt{2m(E-V)}$ である。これを式 (2.7) に代入すれば

$$\frac{d^2\psi(x)}{dx^2} + \frac{2m}{\hbar^2}(E-V)\psi(x) = 0$$

となり，これを変形すれば Schrödinger 方程式

$$\left[-\frac{\hbar^2}{2m}\frac{d^2}{dx^2} + V\right]\psi(x) = E\psi(x)$$

が得られる。これを見ればわかるように，Schrödinger 方程式とは，de Broglieの物質波の振幅が従うべき微分方程式である。では，de Broglie 波の振幅とはいったいなんであろう？ これがなにを表しているのかは，まったくわからない。振幅の大きさは Schrödinger 方程式に従って変化するようだが，その意味についての明確な理論はないのである。de Broglie 波は波長だけが定式化されているもので，振幅の定義はない。この Schrödinger 方程式を解いて波動関数 ψ とエネルギー固有値 E を求めれば，運動する物体がとり得るエネルギーや運

動の様子を知ることができる。Schrödinger 方程式は，**Newton の運動方程式** $f=ma$ と同様，理論的に証明することはできない（力学の基本中の基本である $f=ma$ の式は力の定義式ではない。これは $f=m(d^2x/dt^2)$ という微分方程式であり，運動の法則を表した式であるが，この式そのものは証明されていない）。

Max Born

波動関数 ψ の物理的意味，つまり物質波の振幅の意味についてはさまざまな解釈があったが，「ψ の大きさ（値）の 2 乗 $|\psi|^2$ が点 (x, y, z) に粒子を見出す確率を表す」という Max Born（ボルン，英国，1882〜1970年）の**確率解釈**が最も妥当なものとして受け入れられた。Born はこの確率解釈を提唱したことで 1954 年のノーベル物理学賞を受賞している。

2.5 時間に依存する Schrödinger 方程式

式 (2.6) は定常状態にある物体についての Schrödinger 方程式である。では，定常状態になっていない一般の運動する物体についての Schrödinger 方程式はどのようになるであろうか。定常状態になっていない場合には，波の山や谷の位置は時間とともに変化するので，時間の項が入ってくる。この場合には

$$E \to i\hbar \frac{\partial}{\partial t} \tag{2.8}$$

という関係が導入される。

したがって，一般の運動する物体についての Schrödinger 方程式は

$$\hat{H}\psi = i\hbar \frac{\partial \psi}{\partial t} \tag{2.9}$$

となる。定常状態の波動関数は，位置座標の関数である振幅関数と時間の関数である振動関数との積で表される。そのような定常状態の波動関数 $\psi = \varphi(r)\phi(t)$ を時間に依存する Schrödinger 方程式 (2.9) に代入すると，振動関数部分を消

去することができ，$\hat{H}\varphi = E\varphi$ が得られる。定常状態にない一般の運動については，式 (2.9) を出発点とする。

　Schrödinger は，de Broglie の物質波が満たすべき波動方程式を考えることで，今日 Schrödinger 方程式と呼ばれるものを創り上げた。しかし，Schrödinger 本人は，そもそも Bohr 原子モデルが気に入らず，特にエネルギー状態間の遷移については「電子が蚤のように飛び跳ねるなんて想像もできない」と語ったそうである。なにをいっているかというと，Bohr モデルでは水素原子が光を出すときに電子はある軌道から別の軌道に移るが，電子は軌道から外れた瞬間

Erwin Schrödinger

に定常状態ではなくなり，安定に存在できなくなってしまう。これを避けるためには電子が軌道間を移動するときにはある軌道から電子が消滅すると同時に別の軌道上に出現しなければならない。Schrödinger は，これはおかしいと考えたのである。

　そして，「波動関数の振幅の 2 乗が粒子を見出す確率を表す」という考えを受け入れることはできなかった。彼は，原子中の電子の実体が原子中に広がったものであり，それが波動関数として記述されると考えていた。電子そのものが波であるという考えである。この考えは Bohr や Born の解釈とは相容れることがなかった。1926 年に Schrödinger はコペンハーゲンの Bohr の自宅に招かれた。Schrödinger を迎えた Bohr とは，コペンハーゲンの駅から議論が始まったという。Schrödinger は Bohr モデルの量子数の飛躍をナンセンスであるとして非難し，Bohr は原子を理解するためには確率解釈が必要であることを主張した。議論は連日連夜続き，Schrödinger は体調を崩して寝込んでしまう。それでも議論は止まず，Schrödinger に食事とお茶を持ってきた Bohr の夫人が目撃したところによると，Bohr は横になって休んでいる Schrödinger のベッドの端に座って議論を続けていたらしい。その後，1930 年までの間に Schrödinger は波動方程式を原子や分子に適用するために有効な理論形式を完成させた。それから Schrödinger 方程式は多くの物理学者によってさまざまな問題に適用されていっ

た。しかし，Schrödinger 自身は確率解釈がどうしても気に入らなかった。1936年に Schrödinger が書いた論文「量子力学の現況」に，有名な「**Schrödingerの猫**」が登場する。外から中が見えない箱の中に猫と，一定時間後に 50％の確率で毒ガスを出す装置を入れてふたをする。ある時間がたったあとで，猫はどうなっているだろう。箱を開けるまで，猫の状態はわからない。猫の状態を波動関数で表すとすると，Bohr らの確率解釈の立場では猫は死んだ状態と生きている状態の足し合せで表現される。実際には猫は生きているか死んでいるかのどちらかでしかないのだが，箱を開けていないときには，生きている状態と死んでいる状態が共存した形で表現するしかない。しかし，箱を開けて中を見れば，波動関数は生きている状態か死んでいる状態かのどちらかに収束することになる。つまり，猫の生死という状態変化が毒ガスではなく，箱を開けるという行為によって決められることになる。そして，箱を開けなければ猫が死んでいる状態と生きている状態が 50％ずつ混ざりあっているので，どちらの性質も持つことになる（つまり，生きていながら死んでいる状態として記述される）。これはパラドックスである。Schrödinger はけっきょく，量子力学の研究から足を洗ってしまう。その後は重力理論や統一理論，中間子理論，非線形電磁気学，一般相対性理論の研究を行い，晩年には「生命とはなにか」という問題に向かった。Schrödinger の人生や研究のスタイルは Einstein に共通するところが多い。彼らはギリシャ哲学的な考えを好み，一人で研究のすべてを行い，共同研究を好まなかった。Bohr が世界中から天才たちを集めて自由闊達な場を提供し，多くの人たちの議論によって量子力学の体系を作っていったスタイルとは正反対であった。

　Bohr の軌道論において安定状態間を電子が移るときに生じる電子のジャンプは，Schrödinger の気に入らないものであったが，Schrödinger の波動関数を用いれば電子遷移は合理的に説明できる。ある軌道から別の軌道に電子が移る場合，波動関数であればスムーズに変化できる。なぜなら，波動関数の足し合せで自由に別の関数を作ることができるからである。フーリエ変換を見ればわかるように，ある範囲の中でなら，どんな関数でも波動関数の足し合せで作

2.5 時間に依存する Schrödinger 方程式

パイプと酒で一服する Schrödinger　　海辺に立つ Schrödinger

Dirac, Heisenberg, Schrödinger（右3人）
ノーベル賞受賞時の写真（1932年）

ることができる．したがって，安定軌道から外れた電子の波動関数も，安定な軌道の波動関数の足し合せで作ることができる．つまり，ある軌道から別の軌道に移る途中も電子は消滅せずにスムーズに遷移できるのである．

■ Schrödinger 方程式の波動関数とはけっきょくなにか

Schrödinger 方程式を導出する過程において，人間が粒子を観測している，という条件は一切考慮されていない．しかし，Schrödinger 方程式を解いて得られる波動関数には「見出される確率」という言葉が付いてまわる．Einstein や，そもそもこの方程式の生みの親である Schrödinger は，これを受け入れなかった．

Einsteinらは電子などの粒子は物質であると同時に波動の性質を併せ持ち，その波動がSchrödinger方程式に従う，と考えていた．Einsteinらは，光量子と対応するものとして物質波を捉えていた．つまり，電子そのものが波動であると主張していたのである．それに対してBohrを代表とするコペンハーゲン派は，波動関数は粒子そのものを表すものではなく，「測定するまで粒子がどのような状態であるかはわからない．測定すれば粒子の状態が確定される．しかし，測定した結果どの状態が得られるかは確率的にしかわからない．そしてその確率は波動関数によって記述される」という解釈を主張した．物理現象が確定的でないという考えは，古典力学とはまったく相容れないものである．しかし，この考えによらなければ理解できない現象がある．例えば，電子は二つのスリットに向かって1個ずつ飛ばした場合でも干渉縞を形成する（一電子干渉）．波動関数が実在する波ではないとすると，一電子干渉は説明できない．かりに電子そのものが波であったとしても，1個だけでは干渉できないはずである．干渉するためには2個の電子が必要である．この一電子干渉を説明するためには，観測前にすでに実験装置に応じた波動関数ができていて干渉縞も形成されており，電子の到達点を観測する実験をすると波動関数から計算される干渉縞のとおりに電子が観察される，としか解釈のしようがない．

　SchrödingerやEinsteinらにとって，コペンハーゲン派が主張する，物体の運動が観測によって決定されるという解釈はなんとも受け入れがたいものであった．コペンハーゲン派の解釈は「観測」，つまり人間が測定をするという行為を含んでいたからである．これは当然である．物質の運動が人間による観測に影響されるわけがない．投げられたボールが，見ている人がいるかいないかによって飛び方が変わるだろうか．目を閉じて投げた場合とボールを見ながら投げた場合でボールの行く末が変わるだろうか．ある力で投げられたボールの軌跡は見る人がいるかいないかによらないはずである．しかし，コペンハーゲン派の解釈を受け入れなければ，量子的現象は説明がつかないものであった．

　波動関数の解釈や観測問題などはさまざまなパラドックスを含み，いま現在も決着のついていないものである．とりあえず，われわれは「運動している物

体にはある波動が付随する。それは物質波と呼ばれ、その波長は Planck 定数を運動量で割ったものとして表される。そしてその波動の振幅は Schrödinger 方程式に従う。その波動の振幅を表すのが波動関数である。波動関数は物体の位置座標と時間とをパラメーターとする関数であり、それに位置座標や時間を代入して得られる値を 2 乗したものは、その点、その時間においてその物体がとり得る状態の確率を示している」ということを覚えておこう。

章 末 問 題

問題 2.1 下の文章の空欄に適切な語句や式を入れよ。

19 世紀後半から 20 世紀前半にかけて、量子力学が構築された。Planck と Einstein は独立に、光の振動数とエネルギーが式（　①　）で表されることを示した。これによって、光は粒子のように振る舞うことが明らかとなった。そして、de Broglie は運動する粒子は波の性質を持ち、その波長が（　②　）と表されることを示した。これは de Broglie 波または（　③　）と呼ばれる。これらの研究成果により、"物質の運動" と "波動" に密接な繋がりがあることが示された。Schrödinger は、この運動する物体に付随する "波" の振幅が従うべき方程式（$\hat{H}\psi = E\psi$）を創り上げた。この式中の $\hat{H}$ は（　④　）であり、ψ は（　⑤　）と呼ばれる。また、（　⑥　）はある点において粒子を見出す確率を表す。Heisenberg は「不確定性原理」を提唱し、（　⑦　）と（　⑧　）あるいは（　⑨　）と（　⑩　）の厳密な値は同時に測定することができないことを示した。

問題 2.2 図 2.7 のように静止している質量 m の電子に波長 λ_0 の X 線が当たり、この X 線の入射方向に対して θ の角度で X 線は散乱され、電子は角度 ϕ の方向に跳ね飛ばされた。このとき、入射方向および、それに垂直な方向の運動量保存則を表す式を書け。また、電子の運動量を λ_0, λ, h, θ で表せ。さら

に，$\theta = 60°$ のとき，X線の波長変化が $\lambda - \lambda_0 \approx h/2mc$ となることを示せ。ただし，λ は λ_0 にほぼ等しいので，$\lambda_0/\lambda + \lambda/\lambda_0 \approx 2$ とする。

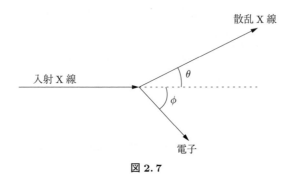

図 2.7

問題 2.3 de Broglie が運動する物体が波の性質を持つことが必要であることを，どのようにして導いたか述べよ。

問題 2.4 de Broglie によって，質量 m の物体が速度 v で飛行するときに付随する物質波の波長は $\lambda = h/mv$ であることが示された。電子が半径 r の円周上を速度 v で運動するとき，物質波が定常波になる条件から Bohr の量子条件を導け。

問題 2.5 引力中心の周りを公転する物体の公転周期の 2 乗が軌道の長半径の 3 乗に比例するというケプラーの法則から，運動量の 2 乗が軌道半径に反比例することを示し，軌道半径が物質波の波長の 2 乗に比例することを示せ。

3章
量子力学の基本

　量子力学の基本方針は単純である。まず Schrödinger 方程式を作り，その Schrödinger 方程式を満たす波動関数とエネルギー固有値を見つける。波動関数とエネルギーが求まれば，その後は，それらを使って，原子や分子のさまざまな性質を知ることができる。量子力学を使うにあたっては，覚えてしまわなければならない事項（仮定や公理）がいくつかある。これらは理屈抜きに覚えてしまうしかない。

3.1　Schrödinger 方程式の作り方

> まず，問題とする運動について，そのエネルギーの式を書く。
>
> E（全エネルギー）$= K$（運動エネルギー）
>
> $\qquad\qquad + V$（ポテンシャルエネルギー）
>
> そして，この式中に現れる運動量 p を $(\hbar/i)\nabla$ で置き換える。（i は虚数単位，$\hbar = h/2\pi$，$\nabla = (\partial/\partial x, \partial/\partial y, \partial/\partial z)$，そうして得られる演算子をハミルトン演算子（ハミルトニアン）という。

　例えば，**図 3.1** のように電荷 $-e$ を持った質量 m の粒子が距離 r 離れたところにある $+e$ の電荷からクーロン引力を受けながら速度 v で運動している場合の Schrödinger 方程式を作ってみよう。

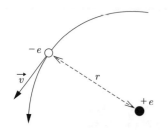

図 3.1 $+e$ の電荷の周りを運動する $-e$ の電荷を持つ粒子

① そのエネルギーの式を書く。

$$E = \frac{1}{2}mv^2 - \frac{e^2}{4\pi\varepsilon_0 r}$$

② この式を運動量 $p = mv$ を使って書き換える。

$$E = \frac{p^2}{2m} - \frac{e^2}{4\pi\varepsilon_0 r}$$

③ p を $\frac{\hbar}{i}\nabla$ で置き換える。

$$E \to -\frac{\hbar^2}{2m}\nabla^2 - \frac{e^2}{4\pi\varepsilon_0 r}$$

これがハミルトン演算子である。この式で左辺と右辺が "→" で結ばれているのは，左辺が E という物理量であるのに対して右辺が演算子になっているため "=" で結ぶことができないからである。

④ 両辺を関数 ψ に作用させる。

$$E\psi = -\frac{\hbar^2}{2m}\nabla^2\psi - \frac{e^2}{4\pi\varepsilon_0 r}\psi$$

$$\therefore \left(-\frac{\hbar^2}{2m}\nabla^2 - \frac{e^2}{4\pi\varepsilon_0 r}\right)\psi = E\psi$$

これがクーロン力を受けながら運動している物体についての Schrödinger 方程式である（**図 3.2**）。この式を満足する波動関数 ψ とエネルギー E を求めれば，その運動についてすべてがわかる。

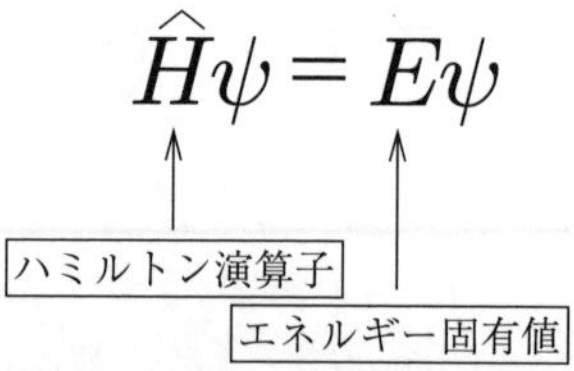

$$\hat{H}\psi = E\psi$$

↑ ハミルトン演算子　↑ エネルギー固有値

波動関数に演算子 $\hat{H}$ を作用させると，もとの関数の定数倍になる。この定数がエネルギー固有値になる。

図 3.2 Schrödinger 方程式

〔例題 3.1〕
$V = \frac{1}{2}kx^2$ のときと，$V = 0$ のときについて，x, y, z 空間内での Schrödinger 方程式を書け。

〔解答〕

$V = \frac{1}{2}kx^2$ のとき：$\left(-\frac{\hbar^2}{2m}\nabla^2 + \frac{1}{2}kx^2\right)\psi = E\psi$

$V = 0$ のとき：$-\frac{\hbar^2}{2m}\nabla^2\psi = E\psi$ ◆

$|\psi|^2$ は，その物体が時刻 t に点 (x, y, z) で見出される確率を表す。量子力学が扱うのは，物体の運動そのものではなく，物体の運動について観測したらどういう値が得られるかということである。問題にしている物体は空間中のどこかには必ず存在するので，微小体積中にその物体を見出す確率 $|\psi|^2 dv$ を全空間範囲で足し合わせれば 100％である。100％を 1 と表すことにすれば，$|\psi|^2 dv$ を全空間範囲で積分した値は 1 にならなくてはならない。これを**規格化条件**という。規格化条件とは波動関数の 2 乗が物体を見出す確率を表すために必要な条件である。x, y, z の三次元空間で定義される波動関数であれば規格化条件はつぎのようになる。

$$\int_{-\infty}^{\infty}\int_{-\infty}^{\infty}\int_{-\infty}^{\infty} |\psi|^2 dxdydz = 1 \quad \text{（規格化条件）}$$

波動関数は多くの場合，**複素関数**である。したがって，波動関数に座標や時間を代入して得られる値は**複素数**になる。そのため，波動関数の 2 乗を作るには**共役複素関数**を使う。共役複素関数は，複素関数中に現れる虚数 $i\ (=\sqrt{-1})$ をすべて $-i$ に置き換えたもので，関数の右肩に ∗ をつけて表す。例えば ψ の共役複素関数は ψ^* と表記される（プサイスターと読む）。共役複素関数をもとの関数に掛ければ

$$\psi^* \cdot \psi = |\psi|^2$$

となる。複素数 $a + ib$ の**共役複素数**は $a - ib$ であり，これらを掛け合わせると $(a+ib)(a-ib) = a^2 + b^2$ となり，これは複素数 $a+ib$ の絶対値 $(=\sqrt{a^2+b^2})$ の 2 乗である。波動関数そのものの値は複素数であるため，その値が大きいのか小さいのかはわからない。例えば，"$2+1$" と "$2+2$" では "$2+2$" のほうが大きいことは明らかである。しかし，"$2+i$" と "$2+2i$" では，どちらが大き

いかはわからない。"i" は正の数でも負の数でもなく，われわれの生きている世界ではその大きさを認識できないからである。そこで，$\psi^* \cdot \psi = |\psi|^2$ を作ればその値は実数となるので，大きさがわかる。波動関数については ψ ではなく $|\psi|^2$ が物理的意味を持つのはこのためである。三次元空間での積分は3重積分である $\left(\int_{-\infty}^{\infty} \int_{-\infty}^{\infty} \int_{-\infty}^{\infty} |\psi| dx dy dz \right)$ がこれを $\int |\psi|^2 dv$ と書き表す。例えば，規格化の条件は $\int |\psi|^2 dv = 1$ となる。ある分子の中で運動している電子について，Schrödinger 方程式を立てて，そのエネルギー E と波動関数 ψ を求めれば，その分子の電子のエネルギー準位や結合エネルギー，電子雲の形などを求めることができるようになる。このようにして分子の情報を得たり，化学反応を解明したりする方法を**量子化学**という。

3.2 量子力学の基本事項

　量子力学は，いくつかの証明のできない「仮定」をもとにして成り立っている。これらの仮定はとにかく覚えてしまうしかない。ここでは，これからの展開に必要となる「仮定」や定理などについて述べる。なかなかイメージがつかめず学習しにくい部分であるが，4章以降を読みながら，何度も3章を読み直すことが必要である。

仮定 3.1

> 粒子の座標を q とすると，時刻 t における粒子の状態は波動関数 $\psi(q,t)$ によって与えられる。なお，$|\psi(q,t)|^2 dv$ は粒子が時刻 t に座標 q を中心とする微小体積 dv 中で見出される確率を表す。

　波動関数 ψ に対し，$|\psi|^2$ は**確率密度**と呼ばれ，粒子を見つける実験をしたときに，空間中のある点で粒子を見出す確率である。このとき $\int_{-\infty}^{\infty} |\psi|^2 dv$ は，すべての空間のどこかに粒子を見出す確率である。したがって，$\int_{-\infty}^{\infty} |\psi|^2 dv = 0$

はどこにも粒子が見出されないことを示し，$\int_{-\infty}^{\infty} |\psi|^2 dv = \infty$ は意味を持たない。$\int_{-\infty}^{\infty} |\psi|^2 dv = 1$ でなければならないので，ψ は 0 や ∞ ではない有限の値をとる関数でなければならない。さらに，同一時間，同一位置での粒子の状態は一つに決まらなければならないので，ψ は一価関数である，という条件も必要である。一価関数とは，ψ に x, y, z, t を代入したときに，値が一つだけに決まる関数である。さらに，$|\psi|^2$（確率密度）が場所によって不連続な変化を起こすことは物理的にありえないから，ψ は連続である，という条件も必要である。以上をまとめると，ψ は有限，一価，連続な関数でなければならないということになる。

仮定 3.2

> 古典物理量 $F(q,t)$ の測定値 f は
>
> $$\hat{F}\psi = f\psi$$
>
> を適当な境界条件のもとに解いて得られる。ただし $\hat{F}$ は古典物理量 F の式中に現れる運動量 p を $(\hbar/i)\nabla$ で置き換えて得られる演算子である。

ある関数を一定の規則に従って別の関数に変換する操作を表す記号を一般に**演算子**という。例えば，d/dx は**微分演算子**と呼ばれる。ある演算子 $\hat{F}$ について，$\hat{F}\psi_i = f_i \psi_i$ を満たす固有値 f_i と固有関数 ψ_i の組合せは無限に存在する。ψ が規格化されている場合では，ある物理量の平均値は $f = \int \psi^* \hat{F} \psi dv$ となる。ここで積分は全空間での積分である。古典物理量の表式中に運動量 p が現れない場合は，その式そのものが演算子になる。例えば，粒子の位置の x 座標を測定した場合，得られる結果の平均値は，$\langle x \rangle = \int \psi^* x \psi dv$ によって求められる。

運動量演算子　　　$\hat{p} = \dfrac{\hbar}{i}\nabla$

運動エネルギー演算子　　　$\hat{E} = -\dfrac{\hbar^2}{2m}\nabla^2$

位置演算子　　　$\hat{x} = x$

70   3. 量子力学の基本

角運動量演算子　　$\hat{L}_x = \dfrac{\hbar}{i}\left(y\dfrac{\partial}{\partial z} - z\dfrac{\partial}{\partial y}\right)$

3.2.1 演算子の交換関係

二つの演算子 $\hat{A}$, $\hat{B}$ を波動関数 ψ に作用させることを考える。先に $\hat{A}$ を作用させ，その後で $\hat{B}$ を作用させる場合，それを $\hat{B}\hat{A}\psi$ と表す。演算子によって，作用させる順番によって結果が異なる組合せと，結果が変わらない組合せがある。

$$\hat{B}\hat{A}\psi \neq \hat{A}\hat{B}\psi$$

$$\hat{B}\hat{A}\psi = \hat{A}\hat{B}\psi$$

例えば，x 軸方向の運動量についての演算子 $(\hbar/i \cdot \partial/\partial x)$ と x 軸方向の位置座標についての演算子 (x) の場合

$$\hat{p}\hat{x}\psi = \left(\dfrac{\hbar}{i}\dfrac{\partial}{\partial x}\right)x\psi = \dfrac{\hbar}{i}\dfrac{\partial(x\psi)}{\partial x} = \dfrac{\hbar}{i}\psi + \dfrac{\hbar}{i}x\dfrac{\partial \psi}{\partial x}$$

であるのに対して

$$\hat{x}\hat{p}\psi = \dfrac{\hbar}{i}x\dfrac{\partial \psi}{\partial x}$$

となり，作用させる順序によって結果が異なる。また，x 軸方向の運動量の演算子 $(\hbar/i \cdot \partial/\partial x)$ と，y 軸方向の位置座標の演算子 (y) の場合では，$\partial/\partial x$ は y には作用しないので

$$\hat{p}\hat{y}\psi = \dfrac{\hbar}{i}y\dfrac{\partial \psi}{\partial x}$$
$$\hat{y}\hat{p}\psi = \dfrac{\hbar}{i}y\dfrac{\partial \psi}{\partial x}$$

となり，作用させる順番によって結果は変わらない。

演算子の交換関係は，不確定性原理と関係している。作用させる順番によって結果が変わらない二つの演算子の物理量は同時に正確に測定することができる。しかし，作用させる順番によって結果が変わる演算子の物理量の組合せでは，それらを同時に正確に測定することはできない。

3.2 量子力学の基本事項　　71

|仮定 3.3|

> 古典物理量 F の演算子 $\hat{F}$ は一次演算子である。すなわち，c を任意の定数として
> $$\hat{F}(\psi_1 + \psi_2) = \hat{F}\psi_1 + \hat{F}\psi_2$$
> $$\hat{F}(c\psi) = c\hat{F}\psi$$
> が成立する。

この仮定は，**重ね合せの原理**が成り立つために必要なものである。重ね合せの原理とは，ψ_1, ψ_2 が系の状態ならば，$c_1\psi_1 + c_2\psi_2$ も系の状態となる，という原理である。

|仮定 3.4|

> 古典物理量 F の演算子 $\hat{F}$ は**エルミート演算子**である。すなわち，粒子の任意の二つの状態を ψ, ϕ とすると
> $$\int \psi^* \hat{F} \phi \, dq = \int \phi \hat{F}^* \psi^* \, dq$$
> が成立する。

エルミート演算子には以下に挙げる重要な性質がある。
① エルミート演算子の固有値は実数である。
$\hat{F}$ という演算子を φ という関数に作用させれば
$$\hat{F}\varphi = f\varphi \qquad \int \varphi^* \hat{F} \varphi \, dv = f \int \varphi^* \varphi \, dv = f$$
となる。そして $\hat{F}$ の複素共役演算子である $\hat{F}^*$ を φ の複素共役関数 φ^* に作用させれば
$$\hat{F}^* \varphi^* = f^* \varphi^* \qquad \int \varphi \hat{F}^* \varphi^* \, dv = f^* \int \varphi \varphi^* \, dv = f^*$$
となる。エルミート演算子は $\int \psi^* \hat{F} \phi \, dq = \int \phi \hat{F}^* \psi^* \, dq$ であるから，$f = f^*$

でなければならない。したがって，f は実数である。これは量子力学が成り立つ上で非常に重要な性質である。$\hat{F}\varphi = f\varphi$ の固有値 f は物理量として測定される値であるので，必ず実数でなければならない。

② エルミート演算子 $\hat{F}$ の異なった固有値 f_i, f_j に対応する波動関数 ψ_i, ψ_j は**直交**する。ここで「直交する」とは

$$\int \psi_i^* \psi_j dv = 0$$

という関係が成り立つことをいう。なぜ「直交」という表現を使うかというと，波動関数は状態ベクトルを波動力学の形式で表現したもので，もともとベクトルである。ベクトルどうしの掛け算（内積）は $\vec{a} \cdot \vec{b} = |\vec{a}| \cdot |\vec{b}| \cos\theta$ であるから，その値が 0 ということは $\theta = 90°$，つまり直交していることを示すからである。

さて，波動関数 φ_i にエルミート演算子 $\hat{F}$ を作用させた場合と，φ_i の複素共役関数である φ_i^* に $\hat{F}$ の複素共役演算子 $\hat{F}^*$ を作用させた場合とを比べてみよう。

$$\hat{F}\varphi_i = f_i \varphi_i \qquad \int \varphi_j^* \hat{F} \varphi_i dv = f_i \int \varphi_j^* \varphi_i dv \quad \cdots \qquad (3.1)$$

$$\hat{F}^* \varphi_j^* = f_j^* \varphi_j^* \qquad \int \varphi_i \hat{F}^* \varphi_j^* dv = f_j^* \int \varphi_i \varphi_j^* dv \quad \cdots \qquad (3.2)$$

$\hat{F}$ はエルミート演算子なので，式 (3.1) と式 (3.2) の左辺は等しい。したがって

$$f_i \int \varphi_j^* \varphi_i dv = f_j^* \int \varphi_i \varphi_j^* dv$$

が成り立つ。さらに $\int \varphi_j^* \varphi_i dv = \int \varphi_i^* \varphi_j dv$ であるから

$$(f_i - f_j^*) \int \varphi_i \varphi_j^* dv = 0 \qquad f_i \neq f_j^*$$

であるから

$$\int \varphi_i \varphi_j^* dv = \int \varphi_i^* \varphi_j dv = 0$$

となる．したがって，エルミート演算子の固有関数は直交する．この条件と前に述べた規格化条件とが同時に成り立つ関数系のことを**規格直交系**という．

$$\int \psi_i^* \psi_i dv = 1 \quad \text{（規格化）}$$

$$\int \psi_i^* \psi_j dv = 0 \quad \text{（直交化）}$$

Schrödinger 方程式を解くと，波動関数 ψ とエネルギーはただ一つだけが求まるのではなく，無限個の ψ_i と E_i の組みが求まる．これらの中から任意の ψ を選んで $\int \psi_i^* \psi_j dv$ という計算をした場合，まったく同じ波動関数どうしであれば積分の値は 1 になり，異なる波動関数どうしであれば積分値は 0 になる．これをまとめて

$$\int \psi_i^* \psi_j dv = \delta_{ij}$$

と書く．δ_{ij} は**デルタ関数**と呼ばれ，i と j が等しい場合は 1，異なる場合は 0 になる．

$$\delta_{ij} = 1 \quad (i = j)$$

$$\delta_{ij} = 0 \quad (i \neq j)$$

デルタ関数を初めて定義して量子力学に導入したのは Dirac である．

仮定 3.5

> 粒子の状態を表す波動関数 $\psi(q, t)$ は系の任意の古典物理量の固有関数 $\phi_1, \phi_2, \phi_3 \cdots \phi_i$ の一次結合で表すことができる．すなわち
>
> $$\psi(q, t) = \sum_i c_i(t) \phi_i(q)$$

ψ が規格化されており，また ϕ_i が規格直交化された関数である場合，$\int \phi_i \phi_j dv = \delta_{ij}$ なので

$$\int \psi^* \psi dv = \int \left(\sum_i c_i^* \phi_i^* \right) \left(\sum_j c_j \phi_j \right) dv$$

$$= \sum_i \sum_j c_i^* c_j \int \phi_i^* \phi_j dv = \sum_i |c_i|^2 = 1$$

となる。したがって，ϕ の各係数の 2 乗の和は 1 になる。

仮定 3.6

> 粒子が波動関数 ψ で表される状態にあり，この ψ が古典物理量 F の演算子 $\hat{F}$ の固有関数 ϕ_i によって，$\psi = \sum_i c_i \phi_i$ と展開されるとする。この粒子について F の測定を行ったとき測定値として $\hat{F}$ の固有値 f_i が測定される確率は $|c_i|^2$ である。

古典力学では物体の状態は確定しているが，量子力学では，ある状態はいろいろな状態の重ね合せで表される。どの状態をとるかは測定するまでわからない。「測定」とは，時間（時刻）や粒子の位置あるいは運動量，エネルギーなどのいずれかを正確に限定しようとする操作を必ず含んでいる。しかし，Heisenberg の不確定性原理によれば，粒子の位置や時間の測定誤差を小さくするほど，粒子の運動量やエネルギーの測定値は不確定になる。したがって，「測定」という行為によって得られる結果には必ずばらつきが生じる。このばらつきは，ある値が測定される確率（$= |c_i|^2$）に結びつけられる。

系が波動関数 $\psi(q,t)$ で表される状態にあるとき，古典物理量 F を測定したときの期待値（平均値）は

$$\langle F \rangle = \int \psi^*(q,t) \hat{F} \psi(q,t) dv$$

で与えられる。この式の ψ に，$\psi = \sum_i c_i \phi_i$ を代入する。$\hat{F}\phi_i = f_i \phi_i$ であるので

$$\int \psi^*(q,t) \hat{F} \psi(q,t) dv = \sum_i |c_i|^2 f_i$$

となる。$|c_i|^2$ を物理量の値として f_i が得られる確率とすれば，$\sum_i |c_i|^2 f_i$ は，F の期待値（平均値）になる。したがって，波動関数にある物理量 F についての

量子力学演算子を作用させたものに左側から共役複素関数を掛け，それを全空間で積分すれば，物理量 F を測定した場合に得られるであろう値の平均値が求められる．

また，波動関数が $\psi = \sum_j c_j \varphi_j$ となっているとき，この波動関数に左から φ_i を掛けて全空間で積分すると

$$\int \varphi_i^* \psi dv = \sum_j c_j \int \varphi_i^* \varphi_j dv = \sum_j c_i \delta_{ij} = c_i$$

となり，i 番目の係数 c_i が求まる．

<u>Pauli の排他原理</u>

> 二つの電子（Fermi 粒子）は同じ状態（ψ_i が等しい状態）を占めることができない．一つのエネルギー準位にはスピンが異なる二つの状態が存在するため，一つのエネルギー準位を占めることができる電子はスピンの異なる 2 個までである．

一つの原子中で，四つの量子数 (n, l, m, m_s) で指定される電子は一つだけである．ここで n は主量子数，l は方位量子数，m は磁気量子数，m_s はスピン量子数である．

Pauli はオーストリア生まれのスイスの物理学者である．「Pauli の排他原理」は化学を学んだ人ならだれでも知っているであろう．原子や分子中の電子配置を考えるときに絶対に避けられない指針を与える原理である．Pauli は実験が下手であったといわれる．実験装置を「壊しまくる」ことで有名だったそうだ．そして，Pauli が実験装置の近くにいるだけで装置が壊れるという伝説が生まれ，彼の近くで装置が壊れることは，「Pauli 効果」と名づけられていた．Pauli はほとんど論文を執筆せず，重要な成果も Bohr や Heisenberg などへの手紙でしか残されていないものが多い．

Wolfgang Ernst Pauli

3. 量子力学の基本

Hund の規則

> エネルギーが等しい軌道が複数ある場合，電子はスピンを同じ向きにしてそれぞれの軌道に1個ずつ入る（可能な限り異なる軌道に入る）。

Friedrich Hund

Friedrich Hund（フント，ドイツ，1896～1997年）の規則は実験的に見出されたが，Pauli の排他原理を導くことができる。スピンの向きが同じ二つの電子で，一つの軌道を占めることができない。そのため，スピンの向きが同じになっていれば，電子どうしが接近する可能性が低くなり，反発エネルギーが小さくなる。Schrödinger 方程式を解いて原子や分子のエネルギー準位を求め，それらのエネルギー準位の低いほうから順番に Pauli の原理と Hund の規則に従って電子を入れていけば，その原子や分子の安定なエネルギー状態が得られる（**図 3.3**）。

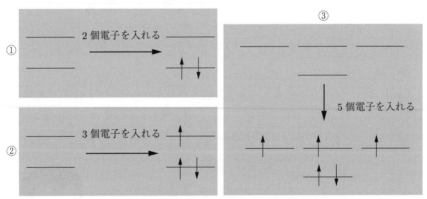

① 2個のエネルギー準位に2個の電子を入れる場合，2個の電子は低いほうの準位にスピンを対にして入る。② 2個のエネルギー準位に3個の電子を入れる場合，2個の電子は低い準位に入るが，3個目の電子は高いほうの準位に入る。一つの準位には二つの電子までしか入れない。③ 一つのエネルギー準位の上に，三つのエネルギーが等しい準位（縮重した準位）がある場合，これに5個の電子を入れるとすると，2個はエネルギーが低い準位に入り，残りの三つは上の三つの準位にスピンの向きを同じにして一つずつ入る。

図 3.3 軌道への電子の入れ方

3.2.2 古典力学と量子力学の関係

量子力学では物事は確率によって処理され，われわれの日常とは違う世界を記述しているかのような印象を受ける。では，われわれが日常目にする物体の運動の法則，つまり古典力学（Newton 力学）と量子力学との関係はどのようになっているのだろうか。両者はまったく異なるものなのだろうか。

いま，ある粒子について考えてみる。量子力学では，その粒子の位置の期待値を計算することができる。

x 座標の期待値　$\bar{x} = \int \psi^* x \psi dv$

y 座標の期待値　$\bar{y} = \int \psi^* y \psi dv$

z 座標の期待値　$\bar{z} = \int \psi^* z \psi dv$

となる。さて，この粒子の位置の期待値の時間変化を調べてみよう。とりあえず，粒子は x 軸上だけを運動するものとする。

$$\frac{d\bar{x}}{dt} = \frac{d}{dt} \int \psi^* x \psi dx = \int \left(\frac{d\psi^*}{dt} x\psi + \psi^* x \frac{d\psi}{dt} \right) dx$$

時間を含む Schrödinger 方程式（2.5 節）より

$$\frac{\partial \psi}{\partial t} = \frac{1}{i\hbar} \hat{H} \psi$$

であるから

$$\frac{d\bar{x}}{dt} = \frac{1}{i\hbar} \int \left(\psi^* x \hat{H} \psi + \hat{H} \psi^* x \psi \right) dx$$

が得られる。$\hat{H} = -\frac{\hbar^2}{2m} \frac{d^2}{dx^2} + V$ であるので

$$\frac{d\bar{x}}{dt} = \frac{i\hbar}{2m} \int \left(\psi^* x \frac{d^2}{dx^2} \psi + \frac{d^2}{dx^2} \psi^* x \psi \right) dx$$

となる。ここで

$$\frac{d^2}{dx^2}(x\psi) = \frac{d}{dx}\left(\psi + x \frac{d\psi}{dx} \right) = 2\frac{d\psi}{dx} + x\frac{d^2\psi}{dx^2}$$

なので

$$\frac{d\bar{x}}{dt} = \frac{i\hbar}{2m}\int\left\{\psi^*\frac{d^2}{dx^2}(x\psi) - \frac{d^2}{dx^2}\psi^* x\psi\right\}dx + \frac{1}{m}\int\psi^*\left(-i\hbar\frac{d\psi}{dx}\right)dx$$

が得られる。

Green の定理 $\iiint (u\nabla^2 v - v\nabla^2 u)dxdydz = \iint (u\nabla v - v\nabla u)\,ndS$ により

$$\frac{d\bar{x}}{dt} = \frac{i\hbar}{2m}\int\left\{\psi^*\frac{d}{dx}(x\psi) - x\psi\frac{d}{dx}\psi^*\right\}ndS + \frac{1}{m}\int\psi^*\left(-i\hbar\frac{d\psi}{dx}\right)dx$$

となる。粒子は空間全体に広がっているわけではないので，面積分の項は消えてしまう。

したがって

$$m\frac{d\bar{x}}{dt} = \int\psi^*\left(-i\hbar\frac{d\psi}{dx}\right)dx$$

となる。この式をもう一度時間で微分すれば

$$m\frac{d^2\bar{x}}{dt^2} = \int\psi^*\left(-\frac{dV}{dx}\right)\psi dx$$

が得られる[3)]。左辺は質量 × 加速度である。$-(dV/dx)$ は粒子に働く力の x 軸方向成分そのものであるから，右辺は粒子に働く力の x 軸方向成分の期待値である。

したがって，この式は，質量 × 加速度=力ということを表しており，これは Newton の運動方程式そのものである。以上のように，粒子の位置に充分な誤差を許せば，その期待値の運動は古典力学に従うのである。これは Ehrenfest（エーレンフェスト）の定理と呼ばれる。

3.2.3 原子単位

原子，分子の理論ではつぎのような原子単位 a.u.（atomic unit）が使われることが多い。

電荷の単位　電子の電荷 $e = 4.803\,24\times 10^{-10}$ esu $= 1.602\,19\times 10^{-19}$ C

質量の単位　電子の質量 $m_e = 9.10953 \times 10^{-28}$ g $= 9.10953 \times 10^{-31}$ kg

長さの単位　ボーア半径 $a_0 = 5.29177 \times 10^{-9}$ cm $= 5.29177 \times 10^{-11}$ m

エネルギーの単位　単位距離にある単位電荷間のクーロンエネルギー

$$e^2/a_0 = 4.35981 \times 10^{-11} \text{ erg} = 4.35981 \times 10^{-18} \text{ J}$$

例えば，「質量 3a.u. で+2a.u. の電荷を持った粒子と，質量 1a.u. で −1a.u. の電荷を持った粒子が距離 1a.u. だけ離して置かれている。」という記述は，「質量 $3 \times 9.10953 \times 10^{-31}$ kg で $2 \times 1.60219 \times 10^{-19}$ C の電荷を持った粒子と，質量 9.10953×10^{-31} kg で -1.60219×10^{-19} C の電荷を持った粒子が距離 5.29177×10^{-11} m だけ離して置かれている。」ということを表している。

章　末　問　題

問題 3.1　以下の問に簡潔に答えよ．
（1）　ハミルトニアンの作り方を説明せよ．
（2）　共役複素関数とはなにか．
（3）　波動関数の物理的意味はなにか．
（4）　波動関数の規格化とはなにか．
（5）　エルミート演算子はどのような性質を持っているか．
（6）　エルミート演算子の固有値が実数であることを示せ．
（7）　規格直交系とはなにか．
（8）　エルミート演算子の固有関数で固有値が異なるものどうしは直交することを示せ．
（9）　重ね合せの原理とはなにか．
（10）　デルタ関数とはなにか．
（11）　演算子の交換関係はなにを表しているか．

問題 3.2　つぎの系に対する Schrödinger 方程式を書け．

(1) x 軸上を一次元的に動く質量 m の粒子のポテンシャルエネルギー V が $0 < x < a$ で 0, ほかの範囲で ∞ である系。

(2) 半径 r の $V = 0$ の円周上だけを動く質量 m の粒子。

(3) $0 < x < a$, $0 < y < b$, $0 < z < c$ で囲まれた $V = 0$ の箱の中で運動する質量 m の粒子。

(4) 電荷が Ze の核と, これより r m 離れた電子 (電荷 e) より構成される原子。ただし, 電子の座標を核の位置を原点として (x, y, z) とする。

(5) 二つの核 A, B (それぞれ電荷 $+e$, 核間距離 R) と二つの電子 1, 2 (電荷 $-e$, 電子間距離 r_{12}, 座標はそれぞれ (x_1, y_1, z_1) と (x_2, y_2, z_2), 核 A, B との距離 r_{A1}, r_{A2}, r_{B1}, r_{B2}) より構成される H_2 分子。

問題 3.3 運動する粒子の波動性を記述するための波動関数を ψ とし, $\psi = \psi(x, y, z, t)$ に対して, $\psi^2 dV =$ 体積素片 dV 中に粒子を見出す確率, と約束したとき, ψ に対して課せられる物理的条件を論じよ。

問題 3.4 運動エネルギーの演算子と運動量の演算子が交換可能であるかどうかを確かめよ。

4章
「箱の中の粒子」モデル

　ある決まった長さの直線上に閉じ込められた質量 m の粒子の波動関数とエネルギー準位を求めてみよう。これは，Schrödinger 方程式の最も基本的な練習問題であるだけでなく，エチレンやブタジエン，β カロテンなどの π 共役系化合物の π 電子の挙動について考えるための最も簡単な量子力学モデルとなる。このモデルを隅々まで理解し，徹底的に使いこなしてみよう。この一次元ポテンシャル井戸の問題の解き方と，得られる答の意味をよく理解すると，量子力学の重要なエッセンスを身に付けることができる。

4.1　一次元の箱の中の粒子モデル

　一次元の箱の中の粒子モデル（一次元ポテンシャル井戸モデル）を考える。図 **4.1** に示すようなモデルを考えてみよう。これは，x 軸上を運動する質量 m の粒子の運動を扱うもので，$0 < x < L$ の範囲ではポテンシャルエネルギーが

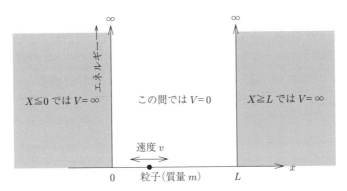

図 **4.1**　一次元の箱の中の粒子の問題

0であるが，$x \leqq 0$ や $x \geqq L$ の範囲ではポテンシャルエネルギーが無限大になっている。粒子はポテンシャルエネルギーが無限大になる領域には入ることができない（無限に高い壁を登るようなものである）。そのため，粒子は $0 < x < L$ の間にしか存在できない。$x \leqq 0$ や $x \geqq L$ の領域で粒子を見出す確率 $|\psi|^2 dv$ は0になる。したがって，$x \leqq 0$, $x \geqq L$ で $\psi = 0$ である。また，波動関数は連続でなければならない。そのため $0 < x < L$ の範囲で求めた波動関数は，$x \leqq 0$, $x \geqq L$ の範囲での波動関数と連続するために $x = 0$ と $x = L$ で $\psi = 0$ にならなければならない。

これを**境界条件**と呼ぶ。Schrödinger 方程式を解く上で境界条件は非常に重要である。$0 < x < L$ の範囲では，粒子のエネルギーは運動エネルギーだけである。したがって粒子の全エネルギーは $E = (1/2)mv^2 = p^2/2m$ である。この式から，Schrödinger 方程式は

$$E\psi = -\frac{\hbar^2}{2m}\frac{d^2}{dx^2}\psi \tag{4.1}$$

となる。この Schrödinger 方程式（微分方程式）を満たす ψ と E を見つければよい。このままではこの方程式の特徴がつかみ難いが，少し変形して

$$\frac{d^2}{dx^2}\psi = -\frac{2mE}{\hbar^2}\psi \tag{4.2}$$

という形にすると，ψ という関数が非常に特殊なものであることがわかる。ψ を x で2回微分すると，関数 ψ の形はそのままで，これに $-2mE/\hbar^2$ という定数を掛けたものになっている。2回も微分しているのに関数が変わらないのである。2回微分するともとの関数に負の定数が掛かったものになるものとしてまず思いつくのは $\sin \alpha x$, $\cos \alpha x$, $e^{i\alpha x}$ であろう（α は任意定数，$i = \sqrt{-1}$）。

$$y = \sin ax \quad y' = a\cos ax \quad y'' = -a^2 \sin ax$$
$$y = \cos ax \quad y' = -a\sin ax \quad y'' = -a^2 \cos ax$$
$$y = e^{iax} \quad y' = iae^{ax} \quad y'' = -a^2 e^{ax}$$

そこで，sin と cos で波動関数を作ってみる。

$$\psi = A\sin\sqrt{\frac{2mE}{\hbar^2}}x + B\cos\sqrt{\frac{2mE}{\hbar^2}}x \tag{4.3}$$

とすれば（A, B は定数）

$$\frac{d\psi}{dx} = A\sqrt{\frac{2mE}{\hbar^2}}\cos\sqrt{\frac{2mE}{\hbar^2}}x - B\sqrt{\frac{2mE}{\hbar^2}}\sin\sqrt{\frac{2mE}{\hbar^2}}x$$

$$\frac{d^2\psi}{dx^2} = -A\frac{2mE}{\hbar^2}\sin\sqrt{\frac{2mE}{\hbar^2}}x - B\frac{2mE}{\hbar^2}\cos\sqrt{\frac{2mE}{\hbar^2}}x$$

$$= -\frac{2mE}{\hbar^2}\left(A\sin\sqrt{\frac{2mE}{\hbar^2}}x + B\cos\sqrt{\frac{2mE}{\hbar^2}}x\right)$$

したがって

$$\frac{d^2\psi}{dx^2} = -\frac{2mE}{\hbar^2}\psi$$

となり，ψ を x で 2 回微分すると ψ に $-2mE/\hbar^2$ を掛けたものになっている。ここで，sin か cos かのどちらか一方ではなく，sin + cos を使うのは「位相」を考慮するためである。$\sin ax$ は $x = 0$ のときに値が 0 になる特殊な関数で，$\cos ax$ は，$x = 0$ のときに 1 になる特殊な関数である。一般的な波はこれらの中間のものなので，$\sin ax$ と $\cos ax$ の足し合せでそれを作ろうとしているのである。このように，式 (4.3) は式 (4.1) の Schrödinger 方程式を満たすので，あとは式 (4.3) 中の未知の定数 A, B とエネルギー E を求めればよい。そのために，与えられた条件を考えてみる。まず，$x = 0$ のとき，$V = \infty$ であるから，$\psi = 0$ でなければならない。式 (4.3) に $x = 0$ を代入してみると

$$\psi = A\sin\sqrt{\frac{2mE}{\hbar^2}}0 + B\cos\sqrt{\frac{2mE}{\hbar^2}}0 = A\sin 0 + B\cos 0 = 0 + B = B$$

つまり $B = 0$ でなければならない。したがって，波動関数は

$$\psi = A\sin\sqrt{\frac{2mE}{\hbar^2}}x \tag{4.4}$$

と sin だけの関数になった。つぎに，$x = L$ のときにも $V = \infty$ であるから，

$\psi = 0$ でなければならない。式 (4.4) に $x = L$ を代入すると

$$\psi = A \sin \sqrt{\frac{2mE}{\hbar^2}} L \tag{4.5}$$

式 (4.5) が 0 になるための条件を考える。$\sin x$ という関数は x が 0, π, 2π, $3\pi \cdots n\pi$ (n は整数) のときにだけ 0 になる。ということは, $\sqrt{2mE/\hbar^2}L = n\pi$ であれば波動関数は $x = L$ のときに 0 になる。$\sqrt{2mE/\hbar^2}L$ の値は厳密に $n\pi$ に等しい必要がある。ほかの値はけっしてとってはならない。さて $\sqrt{2mE/\hbar^2}L = n\pi$ の中で未知なのは E だけである。したがって, この式からエネルギー E を求めることができる。両辺を 2 乗すると

$$\frac{2mE}{\hbar^2} L^2 = n^2 \pi^2$$

したがって

$$E = \frac{n^2 \pi^2 \hbar^2}{2mL^2} \qquad (n = 0, 1, 2, \cdots) \tag{4.6}$$

とエネルギーが求められた。ここで, エネルギーの式中に整数が現れていることに注意してもらいたい。一次元ポテンシャル井戸に閉じ込められた粒子のエネルギーは, $\pi^2\hbar^2/2mL^2$ の n^2 倍 (つまり, 0 倍, 1 倍, 4 倍, 9 倍 $\cdots$) の値しかとることができない！ このことを, **エネルギーが量子化されている**という。これは, われわれの日常とはかけ離れているようにも見える。例えば, $\pi^2\hbar^2/2mL^2$ という大きさのエネルギーで運動している物体が, どこからか最小限のエネルギーをもらって速度を上げるとするとその運動エネルギーはいきなり $4\pi^2\hbar^2/2mL^2$ という大きさにならなければならない。運動エネルギーは $(1/2)mv^2$ であるから, 運動エネルギーが 4 倍になったということは, 速度がいきなり倍になることを示している。ちょっとだけ加速するつもりが倍の速度にならざるを得ないのである。これが車のアクセルであればとんでもないことであろう。しかし, じつは $\pi^2\hbar^2/2mL^2$ という値は計算してみればわかるが, ものすごく小さな値である。そのため, $\pi^2\hbar^2/2mL^2$ の n^2 倍でエネルギーが変化しても人間がそれを段階的な変化として感じることはできない。量子化は境界

条件を満たすために生じている。

式 (4.6) を式 (4.4) に代入すれば

$$\psi = A\sin\sqrt{\frac{2mn^2\pi^2\hbar^2}{\hbar^2 2mL^2}}x = A\sin\sqrt{\frac{n^2\pi^2}{L^2}}x = A\sin\frac{n\pi}{L}x \tag{4.7}$$

となる。式 (4.7) 中で未知なのは，定数 A だけである。あとはこの A を求めればよい。境界条件はすべて使い切ってしまったが，じつはもう一つ条件がある。それは**規格化条件**である。問題の粒子は，$0 < x < L$ の範囲に絶対に存在しているのであるから，ψ^2 を 0 から L の範囲で積分すれば 1 になるはずである。

$$\int_0^L \psi^2 dx = \int_0^L A^2 \sin^2\frac{n\pi}{L}x dx = 1 \tag{4.8}$$

を満たすように A を決める。式 (4.8) の積分を実行する。

$$\int_0^L A^2 \sin^2\frac{n\pi}{L}x dx = A^2 \int_0^L \sin^2\frac{n\pi}{L}x dx$$

$\sin^2 \alpha x$ を積分するためには，三角関数の**倍角の公式**（付録 A.2 数学ノートの加法定理またはオイラーの式から導かれる）を使う。

> 倍角の公式：$\sin^2\alpha = \dfrac{1}{2}(1-\cos 2\alpha)$
> $\cos^2\alpha = \dfrac{1}{2}(1+\cos 2\alpha)$
> $\sin\alpha\cos\alpha = \dfrac{1}{2}\sin 2\alpha$

すると，この積分はつぎのように実行できる。

$$A^2 \int_0^L \sin^2\frac{n\pi}{L}x dx = A^2 \int_0^L \frac{1}{2}\left(1-\cos\frac{2n\pi}{L}x\right)dx$$

$$= \frac{A^2}{2}\int_0^L (1-\cos\frac{2n\pi}{L}x)dx = \frac{A^2}{2}\left[x - \frac{L}{2n\pi}\sin\frac{2n\pi}{L}x\right]_0^L$$

$$= \frac{A^2}{2}\left(L - 0 - 0 + \frac{L}{2n\pi}\sin\frac{2n\pi}{L}0\right) = \frac{A^2 L}{2}$$

したがって $A^2 L/2 = 1$（規格化条件）となり

$$A = \sqrt{\frac{2}{L}}$$

これを式 (4.7) に代入すれば

$$\psi = \sqrt{\frac{2}{L}} \sin \frac{n\pi}{L} x \qquad (n = 0, 1, 2 \cdots) \tag{4.9}$$

が得られる。A の値は $\sqrt{2/L}$ でも $-\sqrt{2/L}$ でもどちらでもよい。なぜなら，波動関数はその 2 乗の値 $|\psi|^2$ だけが物理的な意味を持つので，波動関数の正負はどちらでもよいのである。これが一次元ポテンシャル井戸に閉じ込められた粒子の波動関数である。そして，エネルギーは式 (4.6) で表される。ここで，どちらの式にも量子数 n が入っているが，$n = 0$ は除外しておかなければならない。なぜなら，$n = 0$ の場合では $\psi = \sqrt{2/L} \sin 0 = 0$ となり，あらゆる領域で波動関数が 0 になってしまう。これは粒子が存在しないことになってしまうため，解にはならない。したがって，一次元ポテンシャル井戸の粒子の波動関数とエネルギーに出てくる量子数は $n = 1, 2, 3 \cdots$（自然数）でなければならない。

以上により，波動関数とエネルギーは以下のように求まった。

$$\begin{cases} \psi = \sqrt{\dfrac{2}{L}} \sin \dfrac{n\pi}{L} x \qquad (n = 1, 2 \cdots) & (4.10) \\[2mm] E = \dfrac{n^2 \pi^2 \hbar^2}{2mL^2} \qquad (n = 1, 2 \cdots) & (4.11) \end{cases}$$

この波動関数とエネルギーの式を使えば，いろいろなことが理解できる。

4.1.1 規格直交系の確認

箱の中の粒子の波動関数が規格直交系をなしていることを確認しておこう。A を決定する段階で規格化はなされているので，得られた関数の組が直交しているかどうか調べてみる。例えば，$n = 1$ の波動関数 ψ_1 と $n = 2$ の波動関数 ψ_2 とを掛け合わせて $x = 0$ から $x = L$ の範囲で積分すれば，積分値は 0 になるはずである。

$$\begin{aligned} \int_0^L \psi_1 \psi_2 dx &= \int_0^L \left(\sqrt{\frac{2}{L}} \sin \frac{\pi}{L} x \right) \left(\sqrt{\frac{2}{L}} \sin \frac{2\pi}{L} x \right) dx \\ &= \frac{2}{L} \int_0^L \left(\sin \frac{\pi}{L} x \sin \frac{2\pi}{L} x \right) dx \end{aligned}$$

4.1　一次元の箱の中の粒子モデル

この積分には三角関数の積 → 和の公式を使う（付録 A.2 の数学ノート参照）。

$$\sin\alpha\sin\beta = -\frac{1}{2}\{\cos(\alpha+\beta)-\cos(\alpha-\beta)\}$$

$$\frac{2}{L}\int_0^L \left(\sin\frac{\pi}{L}x\sin\frac{2\pi}{L}x\right)dx = -\frac{1}{L}\int_0^L\left(\cos\frac{3\pi}{L}x - \cos\frac{\pi}{L}x\right)dx$$

$$= -\frac{1}{L}\left[\frac{L}{3\pi}\sin\frac{3\pi}{L}x - \frac{L}{\pi}\sin\frac{\pi}{L}x\right]_0^L$$

$$= -\frac{1}{L}\left(\frac{L}{3\pi}\sin 3\pi - \frac{L}{\pi}\sin\pi - \frac{L}{3\pi}\sin 0 + \frac{L}{\pi}\sin 0\right)$$

$$= -\frac{1}{L}(0-0-0+0) = 0$$

となり，ψ_1 と ψ_2 が直交していることがわかる。これは ψ_m と ψ_n（n,m は整数）の場合でも成り立つことは同様の計算で容易に確認できる。したがって，箱の中の粒子の波動関数が**規格直交系**をなしていることが確認できた。

4.1.2　波動関数の形

式 (4.10) の波動関数を x の関数としてプロットした結果を**図 4.2** に示す。$n=1$ の場合では，波動関数の値はすべての範囲で正の値となり，両端以外では 0 にならない。しかし，$n\geqq 2$ の場合では，波動関数の値が負になる部分が現れ，また，$\psi=0$ になる点が存在している。波動関数の物理的な意味は，$|\psi|^2 dv$ に座標 x を代入したときの値がその点において粒子を見出す確率になることである。したがって，$n=1$ の場合では，粒子は $x=0.5L$ のあたりに粒子を見出す確率が高いことになる。$|\psi|^2$ を x の関数としてプロットしたものを**図 4.3** に示す。$|\psi|^2$ は確率密度である。確率密度にその粒子が含まれる体積の大きさを掛ければ，粒子を見出す確率になる。図 4.3 を見ればわかるように，$n\geqq 2$ の場合では，$|\psi|^2$ の値が 0 になる点がいくつも現れる。$|\psi|^2 dv=0$ の点では粒子が見出される確率が 0 であるわけだから，その点では粒子を見出すことはできない。このような点を**節点**と呼ぶ。

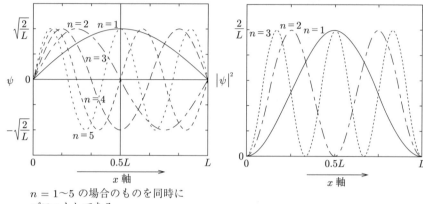

図 4.2 波動関数 ψ の形
$n=1 \sim 5$ の場合のものを同時にプロットしてある。

図 4.3 波動関数の 2 乗（粒子を見出す確率）のプロット

$n=1$ の場合と $n=2$ あるいは $n=3$ の場合で異なるのはエネルギーの値である。つまり，粒子の運動エネルギーが大きくなると，$0<x<L$ の範囲内に粒子を見出すことができない点が現れるということになる。ここで注意しなければならないのは，$|\psi|^2 dv$ は「粒子がその位置で**観測される確率**」であって，「粒子がそこにある確率」ではないということである。$n=2$ の場合において，運動している粒子が $x=0.5L$ の点で消滅するわけではなく，「$n=2$ のエネルギーを持った粒子は $x=0.5L$ で観測されない」ということである。もし，$x=0.5L$ の点で粒子を観測する実験を何回か行ったとしたら，$n=1$ や $n=3$ のエネルギーを持った粒子が観測され，$n=2$ のエネルギーの粒子は観測されない。粒子が $n=2$ のエネルギーしか持っていない場合でも，$x=0.5L$ の点で観測した場合にはほかのエネルギーを持った粒子が観測される。$n=2$ 以外のエネルギーの粒子が観測されることは，エネルギー保存則が成り立っていないように見える。これは粒子を観測する位置をピンポイントで $x=0.5L$ に限定したために不確定性原理によって粒子の運動量が不定となることによって説明できる。観測する位置 $x=0.5L$ の点を限定しないで，ある程度の幅（Δx）を持たせれば，$n=2$ のエネルギーの粒子は観測されるようになる。ここで疑問を持つ人もいるかもしれない。$n=2$ の状態で，例えば $x=0.2L$ に観測場

所を限定した場合にも粒子の運動量は不確定になるのではないだろうか？　もちろん，そのとおりである。ただし，$x = 0.2L$ の場所で少しだけ位置の誤差を持たせて測定した場合，粒子のエネルギーが $n = 2$ の状態として見つかる可能性は 0 ではなく，むしろ高い。どの場所でも観測位置を正確に限定すれば粒子のエネルギー（運動量）は不確定になるが，少しだけ位置に幅を持たせて測定すれば $n = 2$ の状態として見出される確率は $|\psi_{n=2}|^2$ に従うことになる。

これらの結論は，実際の物体の運動からかけ離れているような印象を受ける。しかし，実際に $n = 1$ の場合を測定することを考えてみよう。例えば，重さ $0.01\,\mathrm{g}$ ($10^{-5}\,\mathrm{kg}$) の玉が $10\,\mathrm{cm}$ ($10^{-1}\,\mathrm{m}$) の箱に入っているとする。軽いから重力は無視しよう。摩擦もないとする。するとそのエネルギーは $E = \pi^2\hbar^2/2mL^2$ で，それが運動エネルギーに等しいから $(1/2)mv^2 = \pi^2\hbar^2/2mL^2$，つまり $v = \pi\hbar/mL$ であるから $v = 3.3\times 10^{-28}\,\mathrm{m/s}$ である。$1\,\mathrm{cm}$ 進むのに 3×10^{25} 秒（9×10^{17} 年，90 京年）かかる。粒子の量子的挙動を最低のエネルギー準位で実測しようとすれば，そこまで忍耐強く観察する必要がある。われわれが「その玉は動いている」と認識できる速度で動いているとすると，その玉のエネルギー準位はどれほどであろうか。1 時間に $0.1\,\mathrm{mm}$ 移動すれば動いている，ということで妥協しよう。すると，その速度から逆算される玉のエネルギーは，$5\times 10^{-14}\,\mathrm{J}$ である。この玉の零点エネルギー（$n = 1$ のときのエネルギー）は $5.4\times 10^{-61}\,\mathrm{J}$ であり

エネルギー $= n^2 \times$ 零点エネルギー

であるから，エネルギー準位は $n = 3.1\times 10^{23}$ となる。これはアボガドロ数レベルの数字であり，もはや重さ $0.01\,\mathrm{g}$ の玉の運動に関して節点など認識できようはずもない。節点どうしの間隔は $3.2\times 10^{-23}\,\mathrm{cm}$ となり，原子の大きさよりも短い距離である。さらに計算してみよう。$n = 1$ のエネルギーで，認識できる速度（ここでは 1 時間に $0.1\,\mathrm{mm}$）で動き得る玉の重さはどのくらいであろうか。これを計算すると $3.3\times 10^{-28}\,\mathrm{kg}$ となる。電子の質量は $9\times 10^{-31}\,\mathrm{kg}$ であるから，これは電子の 370 倍の重さとはいっても，せいぜい原子核の 5 分の 1 である。可視領域の光子のエネルギーは最低でも $5\times 10^{-17}\,\mathrm{J}$ であるので，こ

のエネルギーの光子 1 個で 3.3×10^{-28} kg の玉は 3.0×10^{11} m の速度で飛ばされる。ちなみに大気圏脱出速度は 1.12×10^4 m である。つまり、人間が見てわかるほどの光子を当てればその玉はどこかに飛ばされてしまい、そもそも測定ができない。

4.2　不確定性原理の確認

一次元の箱の中の粒子モデルを使って、位置 x と運動量 p の誤差について調べてみよう。箱の中の粒子は、$x = 0$ から $x = L$ の間に存在するわけだから、位置を調べた場合の誤差は最大 L である。

$$\Delta x = L \tag{4.12}$$

基底状態のエネルギーは $E_1 = \pi^2 \hbar^2 / 2mL^2$ であるから

$$\frac{p^2}{2m} = \frac{\pi^2 \hbar^2}{2mL^2}$$

したがって

$$p^2 = \frac{\pi^2 \hbar^2}{L^2}$$

$$\therefore \quad p = \pm \frac{\pi \hbar}{L}$$

つまり、運動量の誤差は最大 $+\pi\hbar/L$ のときと $-\pi\hbar/L$ のときとの差になるから

$$\Delta p = \frac{2\pi \hbar}{L} \tag{4.13}$$

となる。したがって、位置の誤差と運動量の誤差を掛け合わせると

$$\Delta x \cdot \Delta p = 2\pi \hbar = h \tag{4.14}$$

となり、Heisenberg の不確定性原理と一致する。式 (4.14) を変形すると

$$\Delta p = \frac{h}{\Delta x}, \qquad \Delta x = \frac{h}{\Delta p}$$

であるから、位置の誤差を小さくするほど（$\Delta x \to 0$）運動量の誤差 Δp は大

きくなり，逆に運動量の誤差 Δp を小さくするほど（$\Delta p \to 0$）位置の誤差 Δx は大きくなる．したがって，粒子の位置と運動量をどちらも正確に測定することは不可能である．Heisenberg の不確定性原理の導出に測定方法についての情報は一切入っていない．不確定性原理は測定方法に依存せず，本質的に生じるものである．

4.3 光の吸収

箱の中の粒子のモデルを使って，分子による光の吸収を考えることができる．分子を扱うには極端に粗い近似計算であるが，こういう考え方を身に付けておくと，いろいろなことを理解することができる．物質にはなぜ色があるのだろう？　箱の中の粒子のモデルでは，粒子は箱の壁（ポテンシャル障壁）によって運動範囲を制限されている．これは，分子の電子が原子核からのクーロン引力によって分子内に閉じ込められている状態と同じである．例えば，エチレンの π 電子は二つの炭素原子上と炭素原子の間には存在することができるが，エチレンから離れたところに飛び出すことは難しい．電子がエチレン分子から離れるためにはイオン化ポテンシャル以上のエネルギーが必要だからである．このイオン化ポテンシャルは π 電子のエネルギーに比べて非常に大きいため，電子がエチレン分子から離れることは難しい．これを図で表すと**図 4.4** のようにな

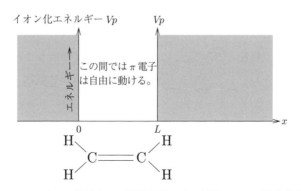

図 4.4 エチレン分子中の π 電子を箱の中の粒子モデルで取り扱う

る。エチレン分子中の π 電子のエネルギーを箱の中の粒子モデルを使って詳しく見てみよう。まず，エネルギーは式 (4.11) で与えられる。

$$E = \frac{n^2 \pi^2 \hbar^2}{2 m_e L^2} \quad (n = 1, 2, \cdots) \tag{4.11 再掲}$$

ここで，L はエチレン分子の長さになる。それぞれの量子数におけるエネルギー

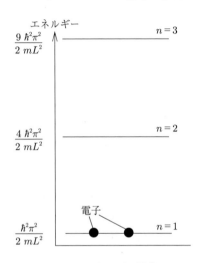

図 4.5 エネルギー準位

の相対的な大きさをプロットしたものが**図 4.5** である。分子中の電子は，基底状態では低いエネルギー状態から順番に取っていくことになる。そして，一つのエネルギー状態は二つの電子までがとることができる。エチレン分子の π 電子は 2 個あるので，これらは**基底状態**（最もエネルギーが低い状態）では二つとも $n = 1$ のエネルギー状態をとることになる。$n = 1$ の状態では，電子を見出す確率は二つの炭素原子の間で最も高くなる（図 4.3）ので，これは結合性軌道である。

光の吸収について考えてみよう。光が分子に吸収されるとはどういうことであろうか。光は電磁波である。そして，$E = h\nu$ のエネルギーを持った粒子としての性質を併せ持つ。「光が分子に吸収される」とは，光のエネルギーが分子中の電子に加えられて，電子が**励起状態**（高いエネルギー状態）に移ることである。ここで少し考えてみると，光の吸収について重要なことがわかる。エチレンの π 電子が持つことのできるエネルギーの大きさは制限されている。式 (4.11) で表されるエネルギー状態しかとることはできないのである。とすれば，基底状態 $n = 1$ にある電子が光を吸収するとき，その光のエネルギーの大きさには制限がなければならない。$n = 1$ のエネルギーに光のエネルギーを加えたものが，式 (4.11) を満たす必要がある。例えば，$n = 1$ の状態にある分子に $E = 2\pi^2 \hbar^2 / 2 m_e L^2$ という大きさのエネルギーの光が当たっても，吸収される

ことはない．光が吸収される条件を図 4.6 に示す．$n=1$ の状態にあるエチレンの電子が吸収することができる光は

$$E = E_k - E_1 = \frac{(k^2-1)\pi^2\hbar^2}{2m_eL^2} \quad (k=2,3,4\cdots) \quad (4.15)$$

という大きさのエネルギーの光だけである．光のエネルギーは波長によって決まるので，分子が吸収する光の色に制限があることがわかる．これが，分子の色の起源である．式 (4.15) を見ると，分子が吸収できる光のエネルギーは L（分子の長さ）が大きいほど小さいことがわかる．式 (4.15) を光の波長を使って表すと

$$E = h\nu = h\frac{c}{\lambda} = \frac{(k^2-1)\pi^2\hbar^2}{2m_eL^2}$$

$$\therefore \quad \lambda = \frac{2m_eL^2hc}{(k^2-1)\pi^2\hbar^2} = \frac{8m_eL^2c}{(k^2-1)h}$$

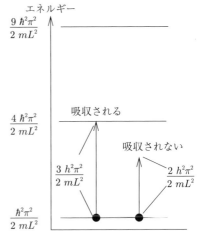

図 4.6 光のエネルギーと吸収の関係

となる．ここで，c は光速，k は 2 以上の自然数である．したがって，分子が吸収する光の波長は，分子が長いほど（L が大きいほど）長くなることがわかる．

光の吸収と色との関係について説明しておこう．人間の目は約 400 nm から 700 nm までの波長の光を感じることができる（図 4.7）．nm はナノメートルと読み，10^{-9} m（10 億分の 1 メートル）のことである．400 nm の光は青色で，500 nm くらいが緑，700 nm は赤く見える．400 nm よりも短い波長の光は紫

人間の目に見えるのは 400 nm から 700 nm まで．

図 4.7 可視光領域

外線と呼ばれる。また，700 nm よりも長い波長の光は赤外線と呼ばれる。太陽や蛍光灯からの光は白色光である。本来，白色に相当する波長の光は存在しない。白色光とは，紫から赤まで目に見えるすべての色（波長）の光が混ざったものである。太陽からの光や，白色蛍光灯からの光には，400～700 nm の範囲の波長の光がすべて含まれている。多くの波長の光が混じったものを，人間の脳が「白色」と認識しているのである。すべての可視光が混ざって白色になっているのであるから，その中からなにかの色が抜けると白色光ではなくなる。青い色の光が抜ければ赤っぽくなるし，赤い色の光が抜ければ青っぽくなる。

　太陽からの光が，ある化合物の溶液が入ったビーカーを透過した場合を考えてみよう。このときに，その化合物が 450 nm くらいの波長の光（青色の光）を吸収したとする。すると，ビーカーを通って出てきた太陽の光には 450 nm くらいの光が少なくなっていることになる。すると，400 nm から 700 nm までの光がすべて混ざった結果白色に見えていた光から，青色が弱くなるわけだから，光は赤っぽく色づいて見えるだろう。物質の色はこのようにして生じている。化合物が紫外線や赤外線の波長の光しか吸収しない場合には，その化合物は色づいて見えない。400～700 nm の光を吸収する場合にだけ人間の目には色が付いて見えるのである。エチレン分子の場合では，分子の長さが短いため，吸収する光は紫外線となり，そもそも目に見えない光が吸収されるだけなので，エチレンは無色である。

　つぎに，β カロテンの色について考えてみよう。β カロテンは図 4.8 に示す

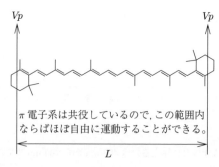

図 4.8　β カロテンを箱の中の粒子モデルで取り扱う

構造の分子で，非常に長い π 共役系を持っている．にんじんに多く含まれる色素である．β カロテンは 22 個の π 電子を持っている．いま，電子どうしの相互作用（反発）を一切無視し，箱の中の粒子モデルで考えると，この 22 個の電子はエネルギーの低いほうから順番に一つの準位に 2 個ずつ入っていく（**Pauli の排他原理**と **Hund の規則**）．すると，基底状態では $n = 1$ から $n = 11$ までの準位がすべて 2 個ずつの電子で占められる．β カロテンが吸収する光のうち，最も波長が長いものを求めてみよう．吸収される光のうちで最も波長が長いのは，$n = 11$ の状態にある電子が $n = 12$ の状態に移る場合である．すると，$n = 11$ の場合のエネルギーは $E_{11} = 11^2\pi^2\hbar^2/2m_eL^2 = 121\pi^2\hbar^2/2m_eL^2$ で，$n = 12$ のエネルギーは $E_{12} = 12^2\pi^2\hbar^2/2m_eL^2 = 144\pi^2\hbar^2/2m_eL^2$ である．したがって，$n = 11$ から $n = 12$ に電子が移る場合のエネルギーは

$$\Delta E = E_{12} - E_{11} = \frac{144\pi^2\hbar^2}{2m_eL^2} - \frac{121\pi^2\hbar^2}{2m_eL^2} = \frac{23\pi^2\hbar^2}{2m_eL^2} \quad (4.16)$$

$\Delta E = h\nu = h(c/\lambda)$ を使って吸収される光の波長を計算すると

$$\lambda = \frac{2m_eL^2hc}{23\pi^2\hbar^2} = \frac{8m_eL^2c}{23h} \quad (4.17)$$

となる．β カロテンの π 共役系の長さはおよそ 17.7 Å (1.77 nm)，電子の質量 m が 9.1×10^{-31} kg，光速は 3.0×10^8 m/s，Planck 定数は 6.6×10^{-34} Js なので，これらを式 (4.17) に代入すると，β カロテンが吸収する光の波長は 450.7 nm となる．これは青緑色の光である．β カロテンを含む物質に太陽からの白色光が当たると，青緑色の光が吸収され，ほかの光は透過または反射されるため，β カロテンは橙色（にんじんの色）に見えることが予想される．そして，現実のにんじんはやっぱり橙色である．一次元の箱の中の粒子モデルは，ある程度大きな π 共役系分子の光吸収を扱えるだけの威力を持っているのである．

4.4 節点，節面について

箱の中の粒子モデルの波動関数 ψ は

$$\psi = \sqrt{\frac{2}{L}} \sin \frac{n\pi}{L} x \quad (n = 1, 2 \cdots) \tag{4.10 再掲}$$

であり，前に述べたように，$n \geqq 2$ のときには両端の壁のところ以外で $\psi = 0$ となる点が現れる．一次元の箱の中の粒子モデルの場合では，これを**節点**（node）と呼ぶ．三次元の場合では**節面**（node）と呼ぶ．$\psi = 0$ の点では，当然 $|\psi|^2 = 0$ となるので，節点でそのエネルギーを持つ電子を見出す確率は 0 である．節点上では，期待しているものとは別のエネルギーの電子が見出されることになる．エチレン分子の基底状態では，2 個の π 電子はどちらも $n = 1$ の状態を占めているので，電子は 2 個の炭素原子の中間で見出される確率が高い．しかし，光を吸収したり，あるいは高い温度になったりして電子のエネルギーが $n = 2$ の状態になると，2 個の炭素原子のちょうど中間に節点（節面）が現れる（**図 4.9**）．

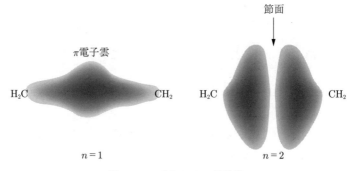

図 4.9　エチレンの π 電子雲

基底状態（$n = 1$）では，π 電子は C–C 結合の真ん中で見出される確率が高く，結合を強めているが，$n = 2$ になると，C–C の間に $n = 2$ のエネルギーを持った電子を見出せない部分ができる．そのため $n = 2$ のエネルギーを持った状態では C–C 結合は弱まり，エチレン分子は反応しやすくなる．したがって，エチレンが光を吸収したり，あるいは強く過熱されるとエネルギーが高くなるだけでなく，化学結合自体が不安定になると予想できるのである．

4.5 三次元の箱の中の粒子モデル

さて，いままでは，x 軸上の問題を扱ってきたが，これを x 軸 y 軸 z 軸を持つ三次元に拡張してみよう（**図 4.10**）。それぞれの軸上の箱の大きさを a, b, c とする。この箱の内側は $V = 0$ であるが，箱の境界面を含む外側では $V = \infty$ である。この箱の内部にある質量 m の粒子についての Schrödinger 方程式は

$$-\frac{\hbar^2}{2m}\left(\frac{\partial^2}{\partial x^2} + \frac{\partial^2}{\partial y^2} + \frac{\partial^2}{\partial z^2}\right)\psi = E\psi \tag{4.18}$$

である。ψ は x, y, z をパラメーターとする波動関数である。箱の六つの面のところで波動関数の値が 0 になるのだから，境界条件は 6 個になる。

yz 平面に平行な面：$\psi(0, y, z) = 0, \quad \psi(a, y, z) = 0$

xz 平面に平行な面：$\psi(x, 0, z) = 0, \quad \psi(x, b, z) = 0$

xy 平面に平行な面：$\psi(x, y, 0) = 0, \quad \psi(x, y, c) = 0$

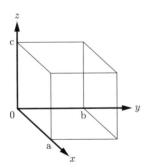

箱の外ではポテンシャルが無限大である。

図 4.10 三次元の箱の中の粒子

初めて式 (4.18) を目にするとどこから手を付けていいものか戸惑うが，こういう形の微分方程式には**変数分離法**が有効である。この Schrödinger 方程式を満たす波動関数は無限にあるのだが，そのうち ψ が x だけを含む関数 $X(x)$ と y だけを含む関数 $Y(y)$ と z だけを含む関数 $Z(z)$ との積で作られるものを対象

にするのである.

$$\psi = X(x)Y(y)Z(z) \tag{4.19}$$

そして，エネルギーも x 軸方向のエネルギーと y 軸方向のエネルギーと z 軸方向のエネルギーに分解できるものとする.

$$E = E_x + E_y + E_z \tag{4.20}$$

特殊なケースのような気もするが，Schrödinger 方程式を満たしさえすれば波動関数はなんでもよいのだから，とりあえずこういう関数を選ぶ．式 (4.19) を Schrödinger 方程式 (4.18) に代入すると

$$-\frac{\hbar^2}{2m}\left(\frac{\partial^2}{\partial x^2}+\frac{\partial^2}{\partial y^2}+\frac{\partial^2}{\partial z^2}\right)X(x)Y(y)Z(z)$$
$$=-\frac{\hbar^2}{2m}\left\{\left(\frac{\partial^2 X(x)}{\partial x^2}\right)Y(y)Z(z)+\left(\frac{\partial^2 Y(y)}{\partial y^2}\right)X(x)Z(z)\right.$$
$$\left.+\left(\frac{\partial^2 Z(z)}{\partial z^2}\right)X(x)Y(y)\right\}$$

であるから

$$-\frac{\hbar^2}{2m}\left\{\left(\frac{\partial^2 X(x)}{\partial x^2}\right)Y(y)Z(z)+\left(\frac{\partial^2 Y(y)}{\partial y^2}\right)X(x)Z(z)\right.$$
$$\left.+\left(\frac{\partial^2 Z(z)}{\partial z^2}\right)X(x)Y(y)\right\}$$
$$= E \cdot X(x)Y(y)Z(z)$$

となる．この式の両辺を $X(x)Y(y)Z(z)$ で割れば

$$-\frac{\hbar^2}{2m}\left\{\frac{1}{X(x)}\left(\frac{\partial^2 X(x)}{\partial x^2}\right)+\frac{1}{Y(y)}\left(\frac{\partial^2 Y(y)}{\partial x^2}\right)+\frac{1}{Z(z)}\left(\frac{\partial^2 Z(z)}{\partial x^2}\right)\right\}$$
$$= E = E_x + E_y + E_z$$

したがって，この方程式は，三つの方程式に分解することができる.

$$-\frac{\hbar^2}{2m}\frac{1}{X(x)}\left(\frac{\partial^2 X(x)}{\partial x^2}\right)=E_x \quad \text{したがって} \quad -\frac{\hbar^2}{2m}\frac{\partial^2 X(x)}{\partial x^2}=E_x X(x)$$

$$-\frac{\hbar^2}{2m}\frac{1}{Y(y)}\left(\frac{\partial^2 Y(y)}{\partial x^2}\right) = E_y \quad \text{したがって} \quad -\frac{\hbar^2}{2m}\frac{\partial^2 Y(y)}{\partial y^2} = E_y Y(y)$$

$$-\frac{\hbar^2}{2m}\frac{1}{Z(z)}\left(\frac{\partial^2 Z(z)}{\partial x^2}\right) = E_z \quad \text{したがって} \quad -\frac{\hbar^2}{2m}\frac{\partial^2 Z(z)}{\partial z^2} = E_z Z(z)$$

これらの方程式は，一次元の箱の中の粒子のときとまったく同一である。したがって，Schrödinger 方程式をあらためて解くまでもなく，$X(x)$，$Y(y)$，$Z(z)$ と，E_x，E_y，E_z は

$$X(x) = \sqrt{\frac{2}{a}}\sin\frac{n_x\pi}{a}x, \quad E_x = \frac{n_x^2\pi^2\hbar^2}{2ma^2} \quad (n_x = 1, 2 \cdots)$$

$$Y(y) = \sqrt{\frac{2}{b}}\sin\frac{n_y\pi}{b}y, \quad E_y = \frac{n_y^2\pi^2\hbar^2}{2mb^2} \quad (n_y = 1, 2 \cdots)$$

$$Z(z) = \sqrt{\frac{2}{c}}\sin\frac{n_z\pi}{c}z, \quad E_z = \frac{n_z^2\pi^2\hbar^2}{2mc^2} \quad (n_z = 1, 2 \cdots)$$

と求められる。したがって，三次元の箱の中の粒子の波動関数とエネルギーは次式となる。

$$\psi = X(x)Y(y)Z(z) = \sqrt{\frac{8}{abc}}\sin\frac{n_x\pi x}{a}\sin\frac{n_y\pi y}{b}\sin\frac{n_z\pi z}{c}$$

$$E = E_x + E_y + E_z = \frac{\pi^2\hbar^2}{2m}\left(\frac{n_x^2}{a^2} + \frac{n_y^2}{b^2} + \frac{n_z^2}{c^2}\right)$$

$$(n_x = 1, 2 \cdots, \ n_y = 1, 2, \cdots, \ n_z = 1, 2 \cdots)$$

4.6　有限の高さの壁で囲われたポテンシャル井戸とトンネル効果

今度はポテンシャルの壁の高さが無限大ではない場合を扱ってみよう（**図 4.11**）。一次元上の運動で $-l/2 < x < l/2$ の領域で $V = 0$ であることはこれまでと同じだが，$x \leqq -l/2$ および $x \geqq l/2$ の領域では $V = V_0$ である。粒子のエネルギーは $E < V_0$ とする。いままでと同様，三つの領域に分け，それぞれの領域での Schrödinger 方程式を考える。そして波動関数を求めるが，波動関数はすべての領域にわたって連続でなければならない。つまり，$-l/2 < x < l/2$

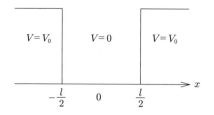

図 **4.11** 有限の高さの壁にはさまれた一次元ポテンシャル井戸

の領域における波動関数と $x \leqq -l/2$ および $x \geqq l/2$ の領域における波動関数とが，$x = -l/2$ と $x = l/2$ のところで同じ値になり，なおかつ接線の傾き（微分係数）も同じになることである．

① $-l/2 < x < l/2$ では $V = 0$ なので，Schrödinger 方程式は

$$-\frac{\hbar^2}{2m}\frac{d^2}{dx^2}\psi = E\psi$$

である．これはすでに解いている方程式で，その解は

$$\psi = A\sin\sqrt{\frac{2mE}{\hbar^2}}x + B\cos\sqrt{\frac{2mE}{\hbar^2}}x$$

である．見にくいので $\sqrt{2mE/\hbar^2} = \alpha$ とすれば

$$\psi = A\sin\alpha x + B\cos\alpha x$$

となる．

② $x \geqq l/2$ では，Schrödinger 方程式は

$$\left(-\frac{\hbar^2}{2m}\frac{d^2}{dx^2} + V_0\right)\psi = E\psi$$

である．変形すると $d^2\psi/dx^2 = 2m/\hbar^2(V_0 - E)\psi$ である．2 回微分して波動関数が，正の定数倍になっているから，この解は指数関数である．$x \to \infty$ のときに $\psi \to \infty$ にならない（ψ は有限）という条件を考慮して

$$\psi = Ce^{-\left(\sqrt{\frac{2m}{\hbar^2}(V_0-E)}\right)x}$$

4.6 有限の高さの壁で囲われたポテンシャル井戸とトンネル効果

と求められる。見にくいので $\beta = \sqrt{2m/\hbar^2(V_0 - E)}$ とおいて

$$\psi = Ce^{-\beta x} \quad \left(x \geqq \frac{l}{2}\right)$$

とする。

③ $x \leqq -l/2$ の領域では②とまったく同様に、$x \to -\infty$ のときに $\psi \to \infty$ にならないという条件を考慮して

$$\psi = De^{\beta x} \quad \left(x \leqq -\frac{l}{2}\right)$$

となる。そして、すべての領域で波動関数は連続でなければならないから、$x = l/2$ と $x = -l/2$ の点において、①と②および①と③の ψ と $d\psi/dx$ の値が等しくなければならない。

$x = l/2$ で

$$\begin{cases} A\sin\dfrac{\alpha l}{2} + B\cos\dfrac{\alpha l}{2} = Ce^{-\beta l/2} \\ A\alpha\cos\dfrac{\alpha l}{2} - B\alpha\sin\dfrac{\alpha l}{2} = -\beta Ce^{-\beta l/2} \end{cases} \quad (4.21)$$

$x = -l/2$ で

$$\begin{cases} -A\sin\dfrac{\alpha l}{2} + B\cos\dfrac{\alpha l}{2} = De^{-\beta l/2} \\ A\alpha\cos\dfrac{\alpha l}{2} + B\alpha\sin\dfrac{\alpha l}{2} = \beta De^{-\beta l/2} \end{cases} \quad (4.22)$$

となる。$x = l/2$ のときの式から C を消去すれば

$$\left(\beta\sin\frac{\alpha l}{2} + \alpha\cos\frac{\alpha l}{2}\right)A + \left(\beta\cos\frac{\alpha l}{2} - \alpha\sin\frac{\alpha l}{2}\right)B = 0$$

$A = B = 0$ にならない条件を考える。

$$\beta\sin\frac{\alpha l}{2} + \alpha\cos\frac{\alpha l}{2} = 0$$

が成り立てば、B は 0 でなければならないが、A は 0 である必要はない。また

$$\beta\cos\frac{\alpha l}{2} - \alpha\sin\frac{\alpha l}{2} = 0$$

が成り立てば、A は 0 でなければならないが、B は 0 である必要はない。した

がって，これらの式を変形して

$$\frac{\sin\frac{\alpha l}{2}}{\cos\frac{\alpha l}{2}} = \tan\frac{\alpha l}{2} = -\frac{\alpha}{\beta} \quad \text{または} \quad \tan\frac{\alpha l}{2} = \frac{\beta}{\alpha}$$

という条件が得られる。$\tan \alpha l/2 = -\alpha/\beta$ ならば，$A \neq 0, B = 0$ で，これらを式 (4.21)，式 (4.22) に代入すれば $D = -C$ が得られる。したがって，$\tan \alpha l/2 = -\alpha/\beta$ のとき

$$\begin{cases} -\dfrac{l}{2} < x < \dfrac{l}{2} \text{の領域で} \psi = A\sin\alpha x \\ x \geqq \dfrac{l}{2} \text{の領域で} \psi = Ce^{-\beta x} \\ x \leqq -\dfrac{l}{2} \text{の領域で} \psi = Ce^{\beta x} \end{cases}$$

また，$\tan \alpha l/2 = \beta/\alpha$ のときは $A = 0, B \neq 0, C = D$ となる。

$$\begin{cases} -\dfrac{l}{2} < x < \dfrac{l}{2} \text{の領域で} \psi = B\cos\alpha x \\ x \geqq \dfrac{l}{2} \text{の領域で} \psi = Ce^{-\beta x} \\ x \leqq -\dfrac{l}{2} \text{の領域で} \psi = -Ce^{\beta x} \end{cases}$$

と波動関数が求められる。この波動関数は例えば，**図 4.12** のようになる。

　ポテンシャルが V_0 である領域で波動関数は指数関数的に小さくなるが，0 にはならない。この点が重要で，もし，ポテンシャルが V_0 である領域がそれ

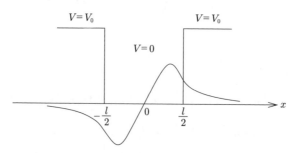

図 4.12 有限の高さの壁に挟まれた $n = 2$ の関数

4.6 有限の高さの壁で囲われたポテンシャル井戸とトンネル効果

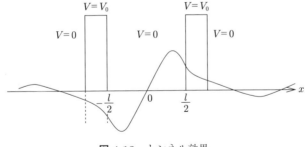

図 4.13 トンネル効果

ほど長くないのであれば，図 4.13 のように，波動関数の値はポテンシャルが V_0 である領域を抜けても 0 にならない．壁の外で粒子の波動関数は波動方程式 $-\hbar^2/2m \times d^2\psi/dx^2 = E\psi$ を満たすわけだから，ψ は壁で挟まれた領域と同じように振動する関数である．波動関数の 2 乗は粒子を見出す確率であるから，ポテンシャルの壁の外でも粒子が見出されることになる．古典力学的に考えれば，ポテンシャルが V_0 である領域に入るためには，その V_0 よりも大きなエネルギーが必要である．したがって，自分の運動エネルギーよりも高いポテンシャルの壁を越えることはできない．

しかし，量子力学で得られる結論は，閉じ込められているはずの粒子がポテンシャルの壁を通り抜けてしまうということである．これを**トンネル効果**と呼び，実際に実験的に確認されている現象である．物質中の電子がその物質の外に出るためには，電場によって十分なエネルギーが加えられなければならない．つまり，ポテンシャルの壁以上の大きさのエネルギーが必要である．しかし，十分なエネルギーを与えられない状態でも，トンネル効果によって，ある確率で電子が外に移ってしまうことがある．この現象を利用して江崎玲於奈博士は東京通信工業株式会社（現 SONY）の研究員時代の 1958 年に，トンネル効果型ダイオードを発明し（1973 年ノーベル賞），1982 年に Binnig と Rohrer は**走査型トンネル顕微鏡**（STM）を発明した（1986 年ノーベル賞）．STM は，固体表面に吸着した分子の姿を原子レベルの分解能で観察することができる，光を使わない顕微鏡である（図 4.14）．

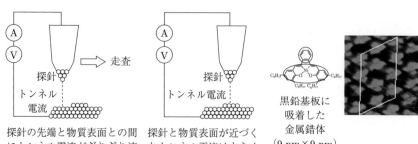

(a) STM の原理　　(b) 金属錯体の STM による分子像（黒鉛表面）(写真提供：東京理科大学宮村一夫教授)

図 4.14　STM（走査型トンネル顕微鏡）

章 末 問 題

問題 4.1　図 4.15 に示すような，一次元のポテンシャル井戸に閉じ込められた粒子について以下の問に答えよ。ただし，粒子の質量を m とする。

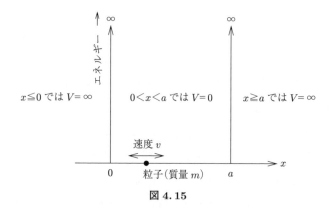

図 4.15

（1）この粒子が満たすべき Schrödinger 方程式を書け。

（2）波動関数を sin 関数と cos 関数の和で表し，$x = 0$，$x = a$ における境界条件から，粒子が取り得るエネルギーを求めよ。

（3） 波動関数を規格化し，この粒子の状態を記述する波動関数を求めよ。

問題 4.2 ブタジエンとエチレンはどちらがより長い波長の光を吸収すると考えられるか答えよ。またその理由も説明せよ。

問題 4.3 Pauli の排他原理によれば，一つの軌道に入る（エネルギー準位を占める）ことができる電子の数は最大 2 個である。いま，幅 10.0 Å 1 nm の一次元井戸型ポテンシャルの中に電子が 4 個あるとする。基底状態から第一励起状態に移るときに吸収する光の波長はいくらか。

問題 4.4 一次元の箱の中に閉じ込められた粒子の波動関数を図 4.16 に示す。

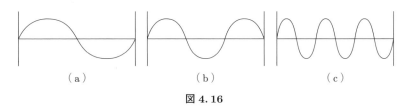

図 4.16

（1） 図（a）〜（c）のうち，最もエネルギーが高い状態にある波動関数はどれか。

（2） 最もエネルギーが低いのはどれか。

（3） 図（b）と（c）の間にはいくつかの状態が存在する。それらの状態はいくつあるか。

（4） 図（b）の状態にある粒子のエネルギーはつぎの場合，どのように変化するか。

① 箱の長さを短くしたとき。

② 粒子の質量が重くなったとき。

問題 4.5 下のような共鳴構造を書くことのできる π 共役系分子の π 電子について考えよう。この二つの窒素原子の間の距離を L とする。π 共役系には 6 個の電子が入っているとする。

(1) 長さ L のこのような π 共役系を一次元ポテンシャル井戸とみなし，Schrödinger 方程式を解くことでこの π 電子のエネルギーを表す式を導け．

(2) (1) の結果を用いて，下から 5 個のエネルギー準位の図を描き，それに量子数 n および波動関数を書き入れよ．また，それぞれのエネルギー準位にどのように電子が入っているか示せ．

(3) 光を吸収すると電子は最高占有エネルギー準位から最低非占有エネルギー準位に励起される．このとき吸収される光の波長を求めよ．ただし，$L = 0.84\,\mathrm{nm}$ とする．

問題 4.6 x 軸上を一次元で運動し，$0 < x < L$ の範囲に閉じ込められた粒子について最低エネルギー状態から 3 番目の状態 ($n = 3$) の波動関数の 2 乗の値を調べるとどのようになるか図示せよ．また，$n = 3$ のエネルギー状態にある粒子について，$x = L/3$, $x = 2L/3$ の点で粒子を観測する実験を行うとどのような結果が得られるか説明せよ．

問題 4.7 図 4.17 のように，原点が井戸の真ん中である場合のポテンシャル井戸の中の粒子の波動関数を求めよ．

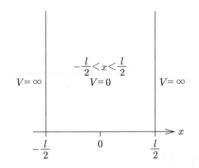

図 4.17

問題 4.8 一次元ポテンシャル井戸型モデルを用い，Heisenberg の不確定性 $\Delta x \cdot \Delta p \geq h$ を検証せよ（成り立っているかどうかを実際に調べてみよ）．

問題 4.9 一次元ポテンシャル井戸型モデルで得られる波動関数が規格直交系をなしていることを示せ．

5章
振 動 と 回 転

　この章では，分子の振動と回転について調べる。振動・回転の量子力学的取り扱いを学ぶことによって，赤外線やマイクロ波の吸収スペクトルの意味がわかるだけでなく，電子の回転運動やスピンの取り扱いについても理解できるようになる。ただし，振動や回転の量子力学的取扱いでは，やや高度な数学が必要となる。しかし，まずはあまり数学に気を取られず，全体の話の流れをつかみ取ろう。

5.1　調和振動子モデル

　二原子分子の振動運動を考えてみよう。二原子分子は二つのおもりがバネで繋がれたモデルで考えることができる。まず，調和振動子の基本的性質を古典力学を使って調べてみよう。バネは引き伸ばされると，もとに戻ろうとする性質がある。押し縮められてももとに戻ろうとする。このもとに戻ろうとする力（**復元力**）は引き伸ばされた距離（あるいは縮められた距離）に比例する。この距離と力との比例定数をバネ定数と呼び，k で表す。また，一次元で x 軸方向に x だけバネが引き伸ばされた（または縮められた）とすると，その復元力は

$$f = -kx \tag{5.1}$$

と表される。この式の意味は，引き伸ばせば縮む向きに，押し縮めれば伸びる向きに力が働くということである。これは**フックの法則**と呼ばれる。この法則の発見者である Robert Hooke（フック，英国，1635～1703 年）は，Newton の光の粒子説に対して波動説を主張し，さらに万有引力の法則の先取権についても Newton と争い続けた人でもある。Newton より 7 歳年上で，王立協会に

おいては Newton に対して上の立場であった。かなり尊大かつ意地悪なところがあり，新しい科学理論についての論文がだれかから協会に提出されても，「それは自分がすでに着想していたものだ」と頭ごなしの批判をしていたようである。1672 年に Newton（30 歳）が光学についての論文を王立協会に提出したときも，Hooke（37 歳）はそれを目新しいものではなく，さらに粒子説は間違いであるとしてしつこく批判した。Newton はこれに反論するが，この争いは 4 年間も続くことになる。これ以降，Newton は自分の研究成果の発表には異常なほどに慎重になっている。Newton にとって Hooke は忘れ去りたい存在であったようで，のちに王立協会会長に就任するときになっても，当時すでに死んでいる Hooke の実験装置や肖像画を破棄させたり，さらには王立協会本部の移転まで強行させている。偉丈夫の Newton に対し，Hooke は病弱かつ貧相であったとも伝えられる。女嫌いの Newton と女好きの Hooke という対比もある。また Hooke は大科学者 Boyle（ボイル）の助手であった。真空ポンプの開発もしている。Hooke は手先が器用で，さまざまな実験を自らやりこなすだけでなく，新しい実験器具の作製などもお手の物であった。気体の体積と圧力に関する「Boyle の法則」を見出したのはじつは Hooke だったのかもしれない。

　復元力が働く物体が力の釣合いの位置からずらされると振動運動が生じる。つねにもとの位置に戻そうとする力が働くからである。おもりの付いたバネを引き伸ばしてから手を離せば，バネは引き伸ばされていない状態（釣合いの位置）に戻ろうとする。そして，釣合いの位置になっても，おもりには慣性があるので，釣合いの点を通り過ぎてしまい，バネは縮むことになる。縮んだバネは再び釣合いの状態に戻ろうとするので，ある程度縮んだところでおもりはまたバネが伸びる方向に進み始める。これを繰り返すのが振動運動である。フックの法則に完璧に従って振動するおもり付きのバネを**調和振動子**という。二原子分子のバネモデルを扱う前に，**図 5.1** に示すような，バネの片方は壁に固定され，反対側には質量 m のおもりが付き，摩擦のない床に置かれている系を考えてみよう。おもりの位置座標を x とし，バネが変形していないときのおもりの位置を原点とする。$x > 0$ ならバネは引き伸ばされており，$x < 0$ ならバネ

は縮んでいることになる。そのおもりについて運動方程式はつぎのようになる。

$$f = ma = m\frac{d^2x}{dt^2} = -kx$$

したがって

$$m\frac{d^2x}{dt^2} + kx = 0 \quad (5.2)$$

が成り立つ。この式は

$$\frac{d^2x}{dt^2} = -\frac{k}{m}x \quad (5.3)$$

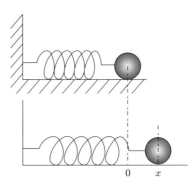

図 5.1 片バネ調和振動子

と変形できる。すると，x を t で 2 回微分すると，x に $-k/m$ という負の定数が掛かったものになるのだから，x は sin や cos などの関数になることがわかる。そこで，この方程式の一般解を

$$x(t) = c_1 \sin \omega t + c_2 \cos \omega t \quad (5.4)$$

と置く。式 (5.4) を式 (5.3) に代入すると

$$-\omega^2(c_1 \sin \omega t + c_2 \cos \omega t) = -\frac{k}{m}(c_1 \sin \omega t + c_2 \cos \omega t)$$

$$\omega^2 = \frac{k}{m}$$

となるので，角振動数 ω は

$$\omega = \sqrt{\frac{k}{m}}$$

と求められる。バネがまったく伸びていない状態でのおもりの位置を $x = 0$ とする。最初にバネを $x = A$ まで引き伸ばして離したとすると，時間 $t = 0$ では $x(0) = c_2 = A$ そして，$t = 0$ の時点ではおもりの速度は 0 だから，$(dx/dt)_{t=0} = c_1 \omega = 0$ となるので $c_1 = 0$ である。

したがって，おもりの位置 x は時間の関数として

$$x(t) = A\cos \omega t = A\cos \sqrt{\frac{k}{m}}t \quad (5.5)$$

と求められる。バネを引き伸ばす過程では，バネの復元力 f に逆らって質量 m のおもりを移動させるのだから，ポテンシャルエネルギーが発生する。ポテンシャルエネルギーは，位置座標の関数として表されるエネルギーである。バネが引き伸ばされれば，それだけポテンシャルエネルギーが蓄えられる。バネが x だけ引き伸ばされたときのポテンシャルエネルギーは，バネを引き伸ばすために加えた力 $f = kx$ を $x = 0$ から x まで積分すればよい。したがって

$$V(x) = \int_0^x kx dx = \frac{1}{2}kx^2 + 定数$$

バネが変形していないとき（$x = 0$）のポテンシャルエネルギーは0だから，この定数は0でなければならない。

$$V(x) = \frac{1}{2}kx^2 = \frac{1}{2}kA^2 \cos^2 \omega t$$

そして，おもりの運動エネルギーは

$$K = \frac{1}{2}mv^2 = \frac{1}{2}m\left(\frac{dx}{dt}\right)^2 = \frac{1}{2}m\omega^2 A^2 \sin^2 \omega t$$

したがって，この系の全エネルギーは

$$E = K + V = \frac{1}{2}m\omega^2 A^2 \sin^2 \omega t + \frac{1}{2}kA^2 \cos^2 \omega t$$

$\omega = \sqrt{k/m}$ だから

$$E = \frac{1}{2}kA^2 \sin^2 \omega t + \frac{1}{2}kA^2 \cos^2 \omega t = \frac{1}{2}kA^2 (\sin^2 \omega t + \cos^2 \omega t) = \frac{1}{2}kA^2 \tag{5.6}$$

全エネルギーは最初に引き伸ばした距離 A だけで決まり，x や t に依存しない。つまり，全エネルギーは一定である。

つぎに，二原子分子のバネモデル（**図 5.2**）を考える。両端におもりが付いたバネが x 軸上に置かれている。質量 m_1 のおもり1の位置座標を x_1，質量 m_2 のおもり2の位置座標を x_2 とする。$x_2 - x_1$ はバネの長さになる。そして，バネ

が変形していないときの長さを l_0 とする。
$x_2 - x_1 > l_0$ ならばバネは伸びているし，
$x_2 - x_1 < l_0$ ならばバネは縮んでいる。バ
ネが伸び縮みした距離は $x_2 - x_1 - l_0$ であ
る。右向きを正方向とすれば，バネが伸び
ているときには，おもり 1 には右向きの力
（$f_1 = k(x_2 - x_1 - l_0)$）が働き，おもり 2
には左向きの力（$f_2 = -k(x_2 - x_1 - l_0)$）
が働いている。それぞれのおもりの運動方
程式は

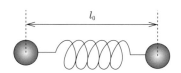
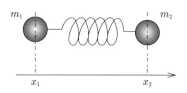

図 **5.2** 二原子分子のバネモデル

$$m_1 \frac{d^2 x_1}{dt^2} = k(x_2 - x_1 - l_0) \tag{5.7}$$

$$m_2 \frac{d^2 x_2}{dt^2} = -k(x_2 - x_1 - l_0) \tag{5.8}$$

式 (5.7) と式 (5.8) を加えると

$$m_1 \frac{d^2 x_1}{dt^2} + m_2 \frac{d^2 x_2}{dt^2} = 0 \tag{5.9}$$

が得られる。式 (5.9) は，それぞれのおもりに働く力が釣り合っていることを示している。つまり，両端におもりが付いたバネが伸び縮みの振動運動をしているときに，まったく力が作用しない点がバネの中に存在している。この点を**質量中心**という。この場合のそれぞれのおもり（原子）の運動は，二つのおもり（原子）の相対的な距離だけに依存する。

式 (5.8) を m_2 で割った式と式 (5.7) を m_1 で割った式の両辺の差をとると

$$\frac{d^2 x_2}{dt^2} - \frac{d^2 x_1}{dt^2} = -\frac{k}{m_2}(x_2 - x_1 - l_0) - \frac{k}{m_1}(x_2 - x_1 - l_0) \tag{5.10}$$

$x_2 - x_1 - l_0$ を t で 2 回微分すれば，$d^2 x_2/dt^2 - d^2 x_1/dt^2$ になるから，式 (5.10) は

$$\frac{d^2}{dt^2}(x_2 - x_1 - l_0) = -\frac{k(m_1 + m_2)}{m_1 m_2}(x_2 - x_1 - l_0) \tag{5.11}$$

となる。ここで

$$\frac{1}{\mu} = \frac{1}{m_1} + \frac{1}{m_2} = \frac{m_1 + m_2}{m_1 m_2}$$

$$\mu = \frac{m_1 m_2}{m_1 + m_2}$$

という量 μ を導入する。μ は**換算質量**と呼ばれる。$x_2 - x_1 - l_0 = x$ と置くと、式 (5.10) は

$$\frac{d^2 x}{dt^2} = -\frac{k}{\mu} x$$

$$\therefore \quad \mu \frac{d^2 x}{dt^2} = -kx \tag{5.12}$$

となる。つまり、換算質量を導入することで、片側を壁に固定されたバネに一つのおもりがついたモデルとまったく同じ運動方程式になるのである。同じ方程式だから、当然、解も同じで、$x = x_2 - x_1 - l_0 = A$ までバネを伸ばして離した場合では

$$x = A \cos \omega t, \quad \omega = \sqrt{\frac{k}{\mu}} \tag{5.13}$$

となる。ポテンシャルエネルギーは

$$V(x) = \frac{1}{2} k x^2 = \frac{1}{2} k A^2 \cos^2 \omega t \tag{5.14}$$

となる。このポテンシャルエネルギーをおもり1とおもり2の間の距離（核間距離）に対してグラフにしてみると、図 5.3 の点線のようになる。二原子分子のポテンシャルエネルギーを表す曲線（モース曲線）にスケールを合わせて比べてみると、l_0 の近傍ではよく一致している。実際の分子の振動は、平衡結合長 l_0 のごく近傍での振動なので、バネとおもりのモデルを分子モデルとして使用することは妥当であるといえる。

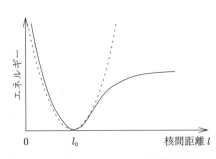

図 5.3 核間ポテンシャルと調和振動子のポテンシャルエネルギー

5.2 振動運動の量子化

調和振動子を量子力学で扱ってみよう。Schrödinger 方程式は

$$-\frac{\hbar^2}{2\mu}\frac{d^2\psi}{dx^2} + \frac{1}{2}kx^2\psi = E\psi \tag{5.15}$$

である。この方程式を満たす ψ と E を見つければよい。とりあえず，ψ として

$$\psi_0 = N_0 e^{-ax^2} \tag{5.16}$$

を用いる。これを**試行関数**という。N_0 は規格化定数である。すると

$$\begin{aligned}\frac{d\psi_0}{dx} &= -2axN_0 e^{-ax^2} \\ \frac{d^2\psi_0}{dx^2} &= N_0(-2a + 4a^2x^2)e^{-ax^2}\end{aligned} \tag{5.17}$$

これらを Schrödinger 方程式 (5.15) に代入すると

$$-\frac{\hbar^2}{2\mu}N_0(-2a + 4a^2x^2)e^{-ax^2} + \frac{1}{2}kx^2N_0 e^{-ax^2} = E_0 N_0 e^{-ax^2}$$

したがって

$$-\frac{\hbar^2}{2\mu}(-2a + 4a^2x^2) + \frac{1}{2}kx^2 = E_0 \tag{5.18}$$

が得られる。E_0 は定数で，x に依存しないから，左辺の x を含む項はすべて消えなければならない。

$$\begin{aligned}-\frac{\hbar^2}{2\mu}(4a^2x^2) + \frac{1}{2}kx^2 &= 0 \\ -\frac{2\hbar^2 a^2}{\mu}x^2 + \frac{1}{2}kx^2 &= 0 \\ \frac{2\hbar^2 a^2}{\mu} &= \frac{1}{2}k\end{aligned}$$

したがって

$$a = \frac{1}{2\hbar}\sqrt{k\mu} \tag{5.19}$$

また，式 (5.18) に $x = 0$ を代入すると

$$-\frac{\hbar^2}{2\mu}(-2a) = \frac{\hbar^2 a}{\mu} = E_0 \tag{5.20}$$

だから，式 (5.20) に式 (5.19) を代入すれば

$$E_0 = \frac{\hbar^2 a}{\mu} = \frac{\hbar^2}{\mu}\frac{1}{2\hbar}\sqrt{k\mu} = \frac{\hbar}{2}\sqrt{\frac{k}{\mu}} = \frac{h}{4\pi}\sqrt{\frac{k}{\mu}} \tag{5.21}$$

となる．そして，式 (5.13) より，$\omega_0 = \sqrt{k/\mu}$ であり，$\omega_0 = 2\pi\nu_0$ であるから，$\sqrt{k/\mu} = 2\pi\nu_0$ である．これを変形すれば

$$\nu_0 = \frac{1}{2\pi}\sqrt{\frac{k}{\mu}} \tag{5.22}$$

が得られる．したがって，式 (5.21) は

$$E_0 = \frac{h}{4\pi}\sqrt{\frac{k}{\mu}} = \frac{1}{2}h\nu_0 \tag{5.23}$$

となる．調和振動子についての Schrödinger 方程式を満たす関数はほかにもある．それらをすべて求めることは容易ではないが，多項式法という方法を用いて求めることができる（付録 A.2 の数学ノート参照）．それらはすべて，e^{-ax^2} とエルミート多項式 H_n という x の多項式との積になっている．このエルミート多項式 H_n は無限個存在し，整数 n を含む．

$$\psi_0 = N_0 e^{-ax^2} \qquad E_0 = \frac{1}{2}h\nu_0$$

$$\psi_1 = N_1 e^{-ax^2} \qquad E_1 = \frac{3}{2}h\nu_0$$

$$\psi_2 = N_2(4a^2 x^2 - 1)e^{-ax^2} \qquad E_2 = \frac{5}{2}h\nu_0$$

$$\psi_n = N_n H_n(x) e^{-ax^2} \qquad E_n = \left(n + \frac{1}{2}\right)h\nu_0$$

ここで $\nu_0 = 1/2\pi\sqrt{k/\mu}$ である．このエネルギー $E_n = (n+1/2)h\nu_0$ は n の変化に対して等間隔になる（図 **5.4**）．そして，$n = 0$ の場合でもエネルギーは 0 で

はない。つまり，調和振動子はけっして静止できないのである。このことは，物質を絶対零度まで冷却しようとしても，分子運動が停止しないことを示している。もし，分子運動が完全に停止したとしたら，そのときの各原子の運動量は0であるので，位置座標を求めようとしても，その誤差は無限大になってしまう。冷却された物質中の分子の位置は，ある程度の範囲内の収まっていなければならないので，位置座標の誤差が無限大になることは不都合である。不確定性原理を考えなくても分子運動が停止できないという結論が得られたことは，量子力学の取扱いに矛盾がないことを示している。

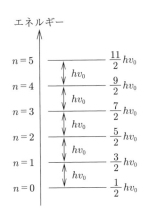

図 5.4 調和振動子のエネルギー準位

さて，分子に光（電磁波）が照射された場合を考えてみよう。分子のエネルギー準位間のエネルギー差 ΔE に等しい大きさのエネルギーを持つ光が照射されると，分子はその光を吸収する。ただし，調和振動子では，エネルギーの変化は $\Delta n = \pm 1$ となる場合しか許されない（遷移選択律）。したがって，調和振動子に吸収される光の振動数は

$$\Delta E = E_{n+1} - E_n = \hbar\sqrt{\frac{k}{\mu}} = h\nu$$

より

$$\nu = \frac{1}{2\pi}\sqrt{\frac{k}{\mu}}$$

となる。ν は μ と k だけで定まる値になる。分子の場合では，μ は原子の重さであり，k は結合の強さである。赤外線吸収スペクトルを測定することで，分子中の結合構造（例えば，カルボニル基があるとか水酸基があるとか）を調べることができることはこのようなことを根拠にしている。

5.3 回転運動の量子化

分子(特に気体分子)はつねに回転運動している。そして,その回転運動もまた量子化されている。空間中を飛び回っている気体分子なら,どんな回転状態をとってもよさそうなものであるが,じつは,完全に自由に回転するというわけにはいかないのである。なぜ,このような量子化が起こるのかを考えてみよう。分子が回転しているのであれば,その分子を構成する各原子は回転に伴ってその位置を変える(図5.5)。つまり,各原子は運動量を持っている。運動量があるのなら,物質波を考えなければならない。それぞれの原子は,物質波が消えないように運動しなければならない(図5.6)。なぜなら,物質波の振幅は,その粒子がその場所で見出される確率に関係している。したがって,その振幅が消えてしまうことは,その粒子が見出される確率の消滅,つまりその粒子の消滅を意味するからである。

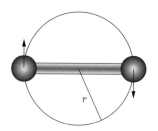

図 5.5 二原子分子モデルの回転運動

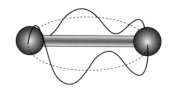

図 5.6 回転する分子の原子の物質波

原子の質量を m,速度を v とする。等核2原子分子の回転運動は二つのおもりが質量中心の周りを回転する運動であるから,換算質量を使えば1個のおもりの回転運動と同様に扱うことができる。等核2原子分子の換算質量は

$$\mu = \frac{mm}{m+m} = \frac{m}{2}$$

である。物質波の波長は $\lambda = h/\mu v$ で与えられる。結合距離の半分を r とすれば,原子が運動する円周の長さは,$L = 2\pi r$ で与えられる。物質波が消滅しな

いように運動するためには，円周の長さが物質波の波長の整数倍でなければならない．もし，整数倍でないならば，分子が回転するにつれて，物質波はたがいに打ち消し合って消滅してしまうことになる．物質波が消滅しない条件を満たすために，ここで量子化が生じるのである．したがって

$$2\pi r = \frac{nh}{\mu v} \quad (n \text{ は整数}) \tag{5.24}$$

が成立する必要がある．この式を変形すると

$$\mu v = \frac{nh}{2\pi r}$$

となり，両辺を2乗すれば

$$\mu^2 v^2 = \frac{n^2 h^2}{4\pi^2 r^2}$$

となるから，この式の両辺を2μで割れば，分子の回転に伴う原子の運動エネルギー（$=(1/2)\mu v^2$）が得られる．

$$\frac{1}{2}\mu v^2 = \frac{n^2 h^2}{8\pi^2 \mu r^2} \quad (n = 1, 2, 3, \cdots) \tag{5.25}$$

分子の回転運動のエネルギーは飛び飛びの値となる．つまり，分子の回転運動のエネルギーは量子化されているのである．二原子分子がとり得る回転運動のエネルギー準位の間隔は，おおよそ $\Delta E = h^2/8\pi^2 \mu r^2$ となることがわかる．原子量10の原子からなる二原子分子の場合で計算してみよう．原子の質量は $m = 0.01/6.02 \times 10^{23} = 1.7 \times 10^{-26}$ kgであるから，換算質量は 0.9×10^{-26} kgである．結合距離を $2Å = 2 \times 10^{-10}$ mとすると，$\Delta E = 1.9 \times 10^{-22}$ J と計算される．この値は，二原子分子のマイクロ波や遠赤外線の吸収スペクトルに見られる吸収線の間隔に，オーダー的に近い．

5.4 平面上の回転運動における角運動量

円運動の基本的物理量に角運動量が挙げられる．角運動量はわれわれが感じることのできる物理量であり，保存量である．例えば，回転するコマが倒れな

いで回り続けられるのは角運動量のおかげである。xy 平面上で，半径 r の円周上を円運動している質量 m の物体の角運動量は，向きは z 軸方向で mvr の大きさを持つベクトル量である（**図 5.7**）。角運動量ベクトルの向きは，回転が反時計回りの場合は z 軸の正方向になる。さて，反時計回りに回転するコマの角運動量は上向きのベクトルである（**図 5.8**（a））。そして，コマが倒れようとすると，コマの軸の地面に接する先端を中心としてコマは円運動を始めることになる。すると，倒れようとする回転運動の角運動量ベクトルの向きは，コマの軸に対して垂直方向（地面と平行）になる（**図 5.8**（b））。

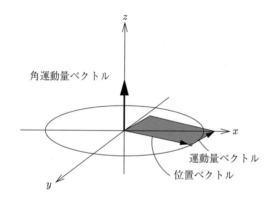

角運動量ベクトルの大きさは物体の位置ベクトルと運動量ベクトルとでできる平行四辺形の大きさになる。

図 5.7 xy 平面内で回転運動する物体の角運動量ベクトル

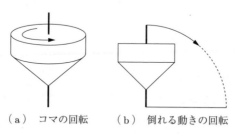

図 5.8 コマの回転と倒れる動き

　コマの軸周りの回転による角運動量ベクトルに，コマが倒れようとするために生じる角運動量ベクトルを加えたものがコマ全体の新たな角運動量ベクトルになる。その方向は垂直方向から斜めになっている。コマの回転面はその角運動量ベクトルに垂直な面内でなければならないから，角運動量を保存させるた

5.4 平面上の回転運動における角運動量

めにコマは倒れようとした方角とは垂直方向に傾かなければならなくなる．その結果，コマはつねに倒れつつある方向と垂直の方向に傾こうとするため，垂直軸を中心に円錐状の運動（歳差運動）をすることになる（図5.9）．回転しているコマがなかなか倒れないのはこのせいである．

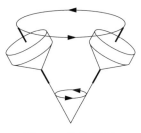

図 5.9 歳差運動

角運動量は，回転している物体の瞬間の運動量 $\vec{p} = (p_x, p_y) = (mv_x, mv_y)$ と，回転の中心（原点）と物体を結ぶベクトル $\vec{r} = (x, y)$ との外積として表される．

$$\vec{L_z} = \vec{r} \times \vec{p} \tag{5.26}$$

外積は，$\vec{a} \times \vec{b} = (|\vec{a}||\vec{b}|\sin\theta)\vec{e}$ で定義される．$\vec{e}$ は $\vec{a}$, $\vec{b}$ を含む平面に垂直に交わる単位ベクトルである．$|\vec{a} \times \vec{b}|$ は $\vec{a}$ と $\vec{b}$ を二辺とする平行四辺形の面積に等しく，$\vec{a} \times \vec{b}$ の向きは $\vec{a}$ と $\vec{b}$ に垂直である（図5.7）．三次元空間中で回転運動している物体があるとする．三次元での外積は行列式を使って表される．x 軸，y 軸，z 軸方向の単位ベクトルをそれぞれ e_x, e_y, e_z とすると，角運動量は位置ベクトルと瞬間の運動量ベクトルのそれぞれの成分によって

$$\vec{L} = \begin{vmatrix} x & y & z \\ p_x & p_y & p_z \\ \vec{e}_x & \vec{e}_y & \vec{e}_z \end{vmatrix} \tag{5.27}$$

と表される．式 (5.27) を展開すると

$$\vec{L} = (yp_z - zp_y)\vec{e}_x + (zp_x - xp_z)\vec{e}_y + (xp_y - yp_x)\vec{e}_z$$

であるので，角運動量の x, y, z 方向成分は

$$\vec{L} = \begin{pmatrix} L_x \\ L_y \\ L_z \end{pmatrix} = \begin{pmatrix} yp_z - zp_y \\ zp_x - xp_z \\ xp_y - yp_x \end{pmatrix} \tag{5.28}$$

式 (5.28) によって，角運動量の各成分が瞬間の運動量の各座標軸方向成分によって表されることがわかる。量子力学では，あらゆる物理量に対応する演算子は，その物理量の表式中に現れる運動量を，運動量演算子に置き換えることで得られる。

$$p \to \frac{\hbar}{i} \nabla$$

したがって，xy 平面上で回転運動する物体の角運動量 L_z に対応する量子力学的演算子は

$$\hat{L}_z = \frac{\hbar}{i}\left(x\frac{\partial}{\partial y} - y\frac{\partial}{\partial x}\right) \tag{5.29}$$

となる。この $\hat{L}_z$ を回転運動をしている物体の波動関数 ψ に作用させれば $(\hat{L}_z\psi = L_z\psi)$ 角運動量の値が得られる。しかし，回転運動を xyz 座標系で扱うと，計算がたいへんである。回転運動を扱うには，極座標を用いるのが適切である（**図 5.10**）。点 (x, y) の座標を r と ϕ によって表せば

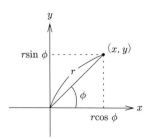

図 5.10 xy 平面上での極座標

$$x = r\cos\phi \quad \frac{\partial x}{\partial \phi} = -r\sin\phi = -y$$

$$y = r\sin\phi \quad \frac{\partial y}{\partial \phi} = r\cos\phi = x$$

x, y の関数 f を ϕ で微分すると

$$\frac{\partial f}{\partial \phi} = \frac{\partial f}{\partial x}\frac{\partial x}{\partial \phi} + \frac{\partial f}{\partial y}\frac{\partial y}{\partial \phi} = -y\frac{\partial f}{\partial x} + x\frac{\partial f}{\partial y}$$

したがって

$$\frac{\partial}{\partial \phi} = x\frac{\partial}{\partial y} - y\frac{\partial}{\partial x} \tag{5.30}$$

という関係式が成り立っている。式 (5.29) と式 (5.30) から

$$\hat{L}_z = \frac{\hbar}{i}\frac{\partial}{\partial \phi} \tag{5.31}$$

5.4 平面上の回転運動における角運動量

が得られる。これは、xy 平面上の回転運動の角運動量についての量子力学的演算子式 (5.29) を極座標で表したものである。

つぎに、これを使って、Schrödinger 方程式（回転運動の運動エネルギーについての量子力学的演算子）を作る。その Schrödinger 方程式を解いて波動関数 ψ が求まれば、$\hat{L}_z \psi = L_z \psi$ を使って角運動量の値を求めることができる。まず、回転運動についての基本的物理量の関係式を確認しておこう。

運動エネルギー：$\dfrac{1}{2}mv^2$

角速度：$\omega = \dfrac{2\pi}{T} = \dfrac{v}{r}$

慣性モーメント：$I = mr^2$（ただし、両端におもりがある場合では換算質量を用いて $I = \mu r^2$ である。つまり、分子の場合では $I = \mu r^2$ を使う必要がある。）

角運動量：$L = mvr$

これらの関係式を使って、回転している物体の運動エネルギーを角運動量によって表してみる。

$$\frac{1}{2}mv^2 = \frac{(mvr)^2}{2mr^2} = \frac{L^2}{2I}$$

この式に角運動量 L の量子力学的演算子 (5.31) を代入すれば、エネルギー演算子 $\hat{H}_z$ は

$$\hat{H}_z = \frac{1}{2I}\left(\frac{\hbar}{i}\frac{\partial}{\partial \phi}\right)^2 = -\frac{\hbar^2}{2I}\frac{\partial^2}{\partial \phi^2} \tag{5.32}$$

となる。これを用いれば、xy 平面上で回転運動している物体についての Schrödinger 方程式は

$$\boxed{-\frac{\hbar^2}{2I}\frac{\partial^2 \psi}{\partial \phi^2} = E\psi} \tag{5.33}$$

となる。この方程式は $\partial^2 \psi / \partial \phi^2 = (-2IE/\hbar^2)\psi$ と変形することができる。さて、この Schrödinger 方程式の解を求めてみよう。この方程式を満たす関数は

$\sin A\phi$, $\cos A\phi$ または $Ae^{ia\phi}$ である。ここでは，指数関数の $Ae^{ia\phi}$ を用いてみよう。さて，この関数が円運動を表すためには，どのような条件が必要であろうか。「回転している」ということは，一回転したときにまた同じ状態になっているということである。つまり，$\psi(\theta) = \psi(\theta + 2\pi)$ でなければならない。これを**周期的境界条件**と呼ぶ。したがって

$$Ae^{ia\phi} = Ae^{ia(\phi+2\pi)} \tag{5.34}$$

が成り立つことが必要である。

$$Ae^{ia(\phi+2\pi)} = Ae^{ia\phi} \cdot e^{2ai\pi} \tag{5.35}$$

であり，オイラーの式 $e^{i\theta} = \cos\theta + i\sin\theta$ に $\theta = \pi$ を代入して得られる不思議な関係式

$$e^{i\pi} = -1$$

を式 (5.35) に代入すると

$$Ae^{ia(\phi+2\pi)} = Ae^{ia\phi} \cdot e^{2ai\pi} = Ae^{ia\phi}(-1)^{2a} \tag{5.36}$$

が得られる。したがって，式 (5.34) が成立するためには，$(-1)^{2a} = 1$ であることが必要である。そのためには，$2a$ が 0 または偶数の整数であればよい。さらに，偶数でありさえすれば $2a$ は正の数でも負の数でもよい。したがって，a は

$$a = 0, \pm 1, \pm 2, \pm 3, \cdots$$

である。$\psi = Ae^{ia\phi}$ を ϕ で 2 回微分すると

$$\frac{d^2\psi}{d\phi^2} = -a^2 A e^{ia\phi} = -a^2 \psi$$

したがって，Schrödinger 方程式は

$$-\frac{\hbar^2}{2I}\frac{\partial^2\psi}{\partial\phi^2} = \frac{a^2\hbar^2}{2I}\psi = E\psi$$

5.4 平面上の回転運動における角運動量

となるから，エネルギー固有値は

$$E = \frac{a^2\hbar^2}{2I} \quad (a = 0, \pm 1, \pm 2, \pm 3, \cdots) \tag{5.37}$$

と求められる。波動関数 ψ 中の A は，規格化によって求める。

$$\int_0^{2\pi} \psi^*\psi d\phi = \int_0^{2\pi} Ae^{-ia\phi} \cdot Ae^{ia\phi} d\phi = \int_0^{2\pi} A^2 d\phi = A^2[\phi]_0^{2\pi} = 2\pi A^2$$

規格化の条件より，$2\pi A^2 = 1$ であるから，$A = \sqrt{1/2\pi}$ となる。したがって，波動関数は

$$\psi = \frac{1}{\sqrt{2\pi}} e^{ia\phi} \quad (a = 0, \pm 1, \pm 2, \pm 3, \cdots) \tag{5.38}$$

となる。つぎに，この波動関数を用いて角運動量の固有値を求める。

$$\hat{L}_z \psi = \frac{\hbar}{i}\frac{d\psi}{d\phi} = \frac{\hbar}{i}\frac{d}{d\phi}\left(\frac{1}{\sqrt{2\pi}}e^{ia\phi}\right) = \frac{\hbar}{i}\frac{1}{\sqrt{2\pi}}iae^{ia\phi} = \frac{a\hbar}{\sqrt{2\pi}}e^{ia\phi} = a\hbar\psi$$

すなわち，角運動量の固有値は $a\hbar$ である。

$$L_z = a\hbar \quad (a = 0, \pm 1, \pm 2, \pm 3, \cdots) \tag{5.39}$$

以上の結果から，回転する物体の運動エネルギーと角運動量は

$$\begin{cases} E = \dfrac{a^2\hbar^2}{2I} & (a = 0, \pm 1, \pm 2, \pm 3, \cdots) \\ L_z = a\hbar & (a = 0, \pm 1, \pm 2, \pm 3, \cdots) \end{cases}$$

と求められた。$a = 0$ から $a = \pm 3$ までの E と L_z の値を計算してみると

$$a = 0 : E = 0, \quad L_z = 0$$

$$a = \pm 1 : E = \frac{\hbar^2}{2I}, \quad L_z = \pm\hbar$$

$$a = \pm 2 : E = \frac{4\hbar^2}{2I}, \quad L_z = \pm 2\hbar$$

$$a = \pm 3 : E = \frac{9\hbar^2}{2I}, \quad L_z = \pm 3\hbar$$

a の値の正負にかかわらずエネルギー固有値は一つの値となるが，角運動量は a の正負に対応して正負の値をとる．一つのエネルギー固有値に対して正負二つの角運動量が存在するのである．これは，物体の速度の大きさが同じであれば運動エネルギーは等しいが，回転が右回りか左回りかによって角運動量の値は符号を変えることを表している．

5.5 三次元空間での回転運動

三次元空間内での角運動量は

$$\vec{L} = \begin{pmatrix} L_x \\ L_y \\ L_z \end{pmatrix} = \begin{pmatrix} yp_z - zp_y \\ zp_x - xp_z \\ xp_y - yp_x \end{pmatrix}$$

であるので，それぞれの量子力学的演算子は

$$\begin{cases} \hat{L}_x = \dfrac{\hbar}{i}\left(y\dfrac{\partial}{\partial z} - z\dfrac{\partial}{\partial y}\right) & (5.40) \\[2mm] \hat{L}_y = \dfrac{\hbar}{i}\left(z\dfrac{\partial}{\partial x} - x\dfrac{\partial}{\partial z}\right) & (5.41) \\[2mm] \hat{L}_z = \dfrac{\hbar}{i}\left(x\dfrac{\partial}{\partial y} - y\dfrac{\partial}{\partial x}\right) & (5.42) \end{cases}$$

である．これらのうち，$\hat{L}_z$ の固有値はすでに求めた．同様に $\hat{L}_x$，$\hat{L}_y$ の固有値を求めればよいのだが，なかなかそう簡単にはいかない．$\hat{L}_x$, $\hat{L}_y$, $\hat{L}_z$ はどの二つをとっても交換が不可能である．そのため，L_x, L_y, L_z はどれか一つだけ決めることができる．まずは全角運動量の 2 乗 $L^2 = L_x^2 + L_y^2 + L_z^2$ について考える．この全角運動量の 2 乗についての量子力学的演算子を求める．そのために，全角運動量の 2 乗を極座標で表し，それに，$p \to \hbar/i\nabla$ を適用すると

$$\hat{L}^2 = -\hbar^2\left\{\dfrac{1}{\sin\theta}\left[\dfrac{\partial}{\partial\theta}\left(\sin\theta\dfrac{\partial}{\partial\theta}\right)\right] + \dfrac{1}{\sin^2\theta}\dfrac{\partial^2}{\partial\phi^2}\right\} \quad (5.43)$$

が得られる．かなり複雑な演算子で，どうしていいものやら挫折しそうになるが，数学的には解決済みの演算子である．全角運動量の 2 乗についての量子力

5.5 三次元空間での回転運動

学的方程式 $\hat{L}^2\psi = L^2\psi$ は，全角運動量の固有値 L^2 が量子化されている場合だけ解くことができる。この方程式を満たす関数は Legendre（ルジャンドル）陪関数と呼ばれるもので，球面上の重力場を扱う場合によく使われる関数である。$\hat{L}^2\psi = L^2\psi$ を解くには，変数分離の方法を用いる。$\psi(\theta,\phi) = Y(\theta)\cdot Q(\phi)$ と仮定する。これを $\hat{L}^2\psi = L^2\psi$ に代入する。

$$-\hbar^2\left\{\frac{Q(\phi)}{\sin\theta}\left[\frac{\partial}{\partial\theta}\left(\sin\theta\frac{\partial Y(\theta)}{\partial\theta}\right)\right]+\frac{Y(\theta)}{\sin^2\theta}\frac{\partial^2 Q(\phi)}{\partial\phi^2}\right\}=L^2Y(\theta)Q(\phi)$$

移項して

$$-\hbar^2\left\{\frac{Q(\phi)}{\sin\theta}\left[\frac{\partial}{\partial\theta}\left(\sin\theta\frac{\partial Y(\theta)}{\partial\theta}\right)\right]+\frac{Y(\theta)}{\sin^2\theta}\frac{\partial^2 Q(\phi)}{\partial\phi^2}\right\}-L^2Y(\theta)Q(\phi)=0$$

となる。この両辺に $-\dfrac{\sin^2\theta}{\hbar^2 Y(\theta)Q(\phi)}$ を掛けると

$$\frac{\sin\theta}{Y(\theta)}\frac{\partial}{\partial\theta}\left(\sin\theta\frac{\partial Y(\theta)}{\partial\theta}\right)+\frac{L^2}{\hbar^2}\sin^2\theta+\frac{1}{Q(\phi)}\frac{\partial^2 Q(\phi)}{\partial\phi^2}=0$$

となり，これは θ だけの部分と ϕ だけの部分に分けることができる。

$$\underbrace{\frac{\sin\theta}{Y(\theta)}\frac{\partial}{\partial\theta}\left(\sin\theta\frac{\partial Y(\theta)}{\partial\theta}\right)+\frac{L^2}{\hbar^2}\sin^2\theta}_{\theta\text{だけの式}}=\underbrace{-\frac{1}{Q(\phi)}\frac{\partial^2 Q(\phi)}{\partial\phi^2}}_{\phi\text{だけの式}}$$

この方程式は，左辺と右辺が異なる変数の式になっているので，この方程式が成立するためには，左辺と右辺がそれぞれ定数になっている必要がある。つまり，左辺 = 定数かつ右辺 = 定数である。

まず，右辺 = 定数という方程式を見ると

$$\frac{1}{Q(\phi)}\frac{\partial^2 Q(\phi)}{\partial\phi^2}=\text{定数}$$

となっている。これは式 (5.33) の方程式を変形したものと一緒だから，その解は $\psi = e^{ia\phi}/\sqrt{2\pi}$ ($a = 0, \pm 1, \pm 2, \pm 3, \cdots$) である。

つぎに，左辺 = 定数の方程式を見ると，これはかなり複雑である。

$$\frac{\sin\theta}{Y(\theta)}\frac{\partial}{\partial\theta}\left(\sin\theta\frac{\partial Y(\theta)}{\partial\theta}\right)+\frac{L^2}{\hbar^2}\sin^2\theta=\text{定数}$$

この方程式を満たす関数は, $L = \sqrt{l(l+1)} \cdot \hbar$ $(l = 0, 1, 2, \cdots)$ となっている場合に限り, Legendre 陪関数 P_l^m を使って

$$\Theta(\theta) = N_{l,m} P_l^{|m|}(\cos\theta) \quad (l = 0, 1, 2, 3, \cdots)$$
$$\Phi(\phi) = N_m e^{im\phi} \quad (m = 0, \pm 1, \pm 2, \pm 3, \cdots, \pm l)$$

と求められる。ちなみに, Legendre 陪関数は

$$P_l^m(\varsigma) \equiv (1-\varsigma^2)^{|m|/2} \frac{d^{|m|}}{d\varsigma^{|m|}} P_n(\varsigma)$$

である。関数は複雑であるが, 幸運なことに全角運動量の固有値 L^2 は単純な形になる。

$$\begin{cases} L^2 = l(l+1) \cdot \hbar^2 & (l = 0, 1, 2, \cdots) \\ L = \sqrt{l(l+1)} \cdot \hbar & (l = 0, 1, 2, \cdots) \\ L_z = m\hbar & (m = 0, \pm 1, \pm 2, \pm 3, \cdots, \pm l) \end{cases}$$

量子数 l は正の整数, 量子数 m は正負の整数で上限が $\pm l$ である。L^2 と L_z の関係は, **図 5.11** を見るとわかりやすい。$L^2 = L_x^2 + L_y^2 + L_z^2 = l(l+1)\hbar^2$ は, L_x, L_y, L_z を座標軸とする三次元空間で, 原点を中心として半径 $\sqrt{l(l+1)}\hbar$ の球面の方程式になる。この球の半径は L であるから, 全角運動量ベクトルは原点からこの球面上のどこかの点に向かうベクトルとなる。ただし, L_z の大きさは $L_z = m\hbar$ に限られているので, 全角運動量ベクトルの向きは, ある程度限られる。これは**空間量子化**と呼ばれる。

ここで注意すべきことは, 三次元空間内での角運動量に関しては, 全角運動量 $\hat{L}^2$ の固有値と, 角運動量の z 軸方向成分 $\hat{L}_z$ の固有値だけが求まるということである。そして, $\hat{L}_x$ や $\hat{L}_y$ の固有値は求まらない。そのため, 全角運動量ベクトルは, **図 5.12** のように半径 $\sqrt{l(l+1)}\hbar$ の球面を $L_z = m\hbar$ で L_z 軸に垂直な平面で切った円周上のどの点を向いていてもよい。

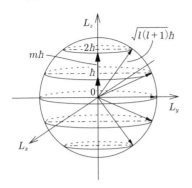 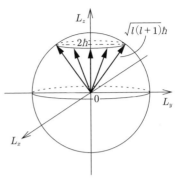

図 5.11 角運動量のベクトル表示 図 5.12 角運動量ベクトルの x 成分と y 成分は決まらない

5.6 二原子分子のマイクロ波スペクトルと回転状態変化

二原子分子の回転運動状態の変化は，マイクロ波を吸収したときに生じる。

$$\text{回転運動のエネルギー} = \frac{1}{2}I\omega^2 = \frac{(I\omega)^2}{2I} = \frac{L^2}{2I}$$
$$= l(l+1) \cdot \frac{\hbar^2}{2I} \quad (l = 0, 1, 2 \cdots)$$

であるから，エネルギー順位は $E_0 = 0$，$E_1 = 2\hbar^2/2I$，$E_2 = 6\hbar^2/2I$，$E_3 = 12\hbar^2/2I \cdots$ となる。ここで慣性モーメントは換算質量を使って $I = \mu r^2$ である。分子が光を吸収するときには，**遷移選択律**という条件を満たさなければならない。分子の回転運動状態が変化する場合には，その遷移選択律は「l の変化は ± 1 に限られる」というものである。すると，マイクロ波の吸収による分子の回転エネルギーの変化は

$$\Delta E = E_{l+1} - E_l = (l+1)(l+2)\frac{\hbar^2}{2I} - l(l+1)\frac{\hbar^2}{2I} = (l+1)\frac{\hbar^2}{I}$$

になる。したがって，分子に吸収されるマイクロ波のエネルギーはこれに等しい。

$$h\nu = (l+1)\frac{\hbar^2}{I}$$

$\nu = c/\lambda$ を代入して，吸収されるマイクロ波の波長を求めると

$$h\frac{c}{\lambda} = (l+1)\frac{\hbar^2}{I}$$

$$\lambda = \frac{Ihc}{(l+1)\hbar^2} = \frac{4\pi^2 Ic}{(l+1)h} \quad (l = 0, 1, 2\cdots)$$

となる．原子の質量 $m = 1.7 \times 10^{-26}$ kg，結合距離を $2\text{Å} = 2 \times 10^{-10}$ m とすると，慣性モーメントは $I = 0.9 \times 10^{-46}$ kgm^2 であるから，波長は $\lambda = 6 \times 10^{-3}$ m となる（マイクロ波は波長が $10^{-4} \sim 10^{-2}$ m の電磁波）．

つぎに，CO 分子のマイクロ波吸収スペクトルから CO 分子の核間距離を求めてみよう．CO 分子には，1.15×10^{11} s^{-1} の吸収があり，これは回転スペクトルの $l = 0$ から $l = 1$ への遷移に対応する．$l = 0$ から $l = 1$ への遷移での吸収スペクトルの振動数は

$$h\nu = (l+1)\frac{\hbar^2}{I} = (0+1)\frac{\hbar^2}{I} = \frac{\hbar^2}{I}$$

より，$\nu = h/4\pi^2 I$ である．この式から慣性モーメントを求めると

$$I = \frac{h}{4\pi^2 \nu} = \frac{6.63 \times 10^{-27}}{4\pi^2 \times 1.15 \times 10^{11}} = 1.46 \times 10^{-39} \text{ g·cm}^2$$

である．そして慣性質量は

$$\mu = \frac{12 \times 16}{6.02 \times 10^{23} \times (12+16)} = 1.14 \times 10^{-23} \text{ g}$$

である．したがって，$I = \mu r^2$ より，$r = \sqrt{I/\mu}$ であるから

$$r = \sqrt{\frac{1.46 \times 10^{-39}}{1.14 \times 10^{-23}}} = 1.13 \times 10^{-8} \text{ cm} = 1.13 \text{ Å}$$

となる．

角運動量に関する量子力学的方程式は，分子の回転運動だけに適用されるのではなく，原子中の電子の軌道の角運動量やスピンにも適用される．

章 末 問 題

問題 5.1 一次元内で運動し，フックの法則 $V(x) = (1/2)kx^2$ に完全に従う物体についての Schrödinger 方程式を作れ。

問題 5.2 図 5.13 のように x–y 平面上にある半径 r の円周上で自由に動いている粒子の波動関数は $\psi = Ae^{ik\varphi}$ で記述される。ここで，i は虚数，k はある数字，φ は回転中心と粒子とを結ぶ動径と x 軸との角度を表す。このとき

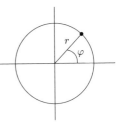

図 5.13

（1） k はどのような値をとるか。
（2） 規格化の定数 A を求めよ。
（3） 角運動量とエネルギーの固有値を求めよ。

問題 5.3 粒子が半径 r の $V=0$ である円周上に閉じ込められているときの波動方程式は次式となる。

$$\frac{\partial^2 \psi}{\partial x^2} + \frac{\partial^2 \psi}{\partial y^2} + \frac{8\pi^2 m}{h^2} E\psi(x,y) = 0 \tag{5.44}$$

（1） $x = r\cos\theta$, $y = r\sin\theta$ と (x,y) を極座標 (r,θ) に変換すると，r は一定値であるから式 (5.44) は

$$\frac{d^2\psi}{d\theta^2} + \frac{8\pi^2 mr^2}{h^2} E\psi(\theta) = 0 \tag{5.45}$$

になることを示せ。

（2） 式 (5.45) を解き

$$E_n = \frac{n^2 h^2}{8\pi^2 mr^2} \quad (n = 0, \pm 1, \pm 2, \pm 3 \cdots)$$

$$\psi_0 = \frac{1}{\sqrt{2\pi}}, \quad \psi_n = \frac{1}{\sqrt{\pi}}\cos n\theta \quad (n \neq 0)$$

であることを示せ。

問題 5.4 図 5.14 のように x–y 平面上のある点の周りをその平面内で等速円運動している質量 m の物体について考える。この物体の角運動量の z 軸方向成分の量子力学演算子は，極座標を用いて書けば $\hat{L}_z = (\hbar/i)(\partial/\partial\phi)$ となる。

（1） この物体の運動エネルギーを求めるための量子力学演算子を求めよ。

（2） この円運動についての波動関数を複素数を含む指数関数を用いて求めよ。

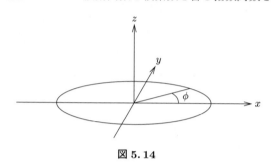

図 5.14

問題 5.5 回転するコマが倒れない理由を説明せよ。

6章
水 素 原 子

　水素原子の電子軌道とエネルギーを Schrödinger 方程式を用いて求める。途中の数学的扱いは厄介だが，極座標での Schrödinger 方程式を作るまでの過程と，Schrödinger 方程式を解いて得られる波動関数の性質についてよく理解しておくべきである。

6.1　水素原子の軌道

　水素原子は1個の電子が1個の陽子の周りを運動している系である（**図 6.1**）。二つの粒子からなる2体系であるから，換算質量を用いて方程式を立てるべきである。しかし，陽子は電子の1836倍も重いので，陽子はまったく動かないとして扱ってもよいだろう。そうすれば，電子の質量だけで話を進められる。水素原子の電子のエネルギーは

$$E = \frac{p^2}{2m_e} - \frac{e^2}{4\pi\varepsilon_0 r} \tag{6.1}$$

である。したがって，水素原子の電子についての Schrödinger 方程式は

$$\left(-\frac{\hbar^2}{2m_e}\nabla^2 - \frac{e^2}{4\pi\varepsilon_0 r}\right)\psi = E\psi \tag{6.2}$$

となる。この方程式を，電子が原子核の周りを回っている，という条件のもとで解けば波動関数 ψ とエネルギー E が求められる。式 (6.2) の微分演算子は x, y, z 座標についての微分 $\nabla^2 = \partial^2/\partial x^2 + \partial^2/\partial y^2 + \partial^2/\partial z^2$ であるが，このままでは，式 (6.2) を解くことは難しい。中心力を受けながら回転運動する物体については極座標（**図 6.2**）を用いる。まず微分演算子 ∇^2 を極座標で表

132   6. 水 素 原 子

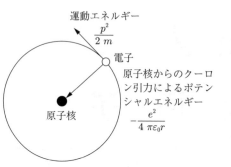

図 6.1 水素原子の電子のエネルギー   **図 6.2** xyz 空間での極座標

してみよう。これには少し計算が必要である。図 6.2 から，xyz 座標と極座標 (r, θ, ϕ) には，つぎの関係があることがわかる。

$$\begin{cases} x = r \sin\theta \cos\phi & (6.3) \\ y = r \sin\theta \sin\phi & (6.4) \\ z = r \cos\theta & (6.5) \end{cases}$$

また

$$\begin{cases} r^2 = x^2 + y^2 + z^2 & (6.6) \\ \tan^2\theta = \dfrac{x^2 + y^2}{z^2} & (6.7) \\ \tan\phi = \dfrac{y}{x} & (6.8) \end{cases}$$

という関係があることが図 6.2 からわかるであろう。関数 $\psi(r, \theta, \phi)$ を x で偏微分すると

$$\frac{\partial \psi}{\partial x} = \frac{\partial \psi}{\partial r}\frac{\partial r}{\partial x} + \frac{\partial \psi}{\partial \theta}\frac{\partial \theta}{\partial x} + \frac{\partial \psi}{\partial \phi}\frac{\partial \phi}{\partial x}$$

となるが，この演算子だけを書けば

$$\frac{\partial}{\partial x} = \frac{\partial r}{\partial x}\frac{\partial}{\partial r} + \frac{\partial \theta}{\partial x}\frac{\partial}{\partial \theta} + \frac{\partial \phi}{\partial x}\frac{\partial}{\partial \phi} \tag{6.9}$$

となる．同様に y や z で偏微分すれば

$$\frac{\partial}{\partial y} = \frac{\partial r}{\partial y}\frac{\partial}{\partial r} + \frac{\partial \theta}{\partial y}\frac{\partial}{\partial \theta} + \frac{\partial \phi}{\partial y}\frac{\partial}{\partial \phi} \tag{6.10}$$

$$\frac{\partial}{\partial z} = \frac{\partial r}{\partial z}\frac{\partial}{\partial r} + \frac{\partial \theta}{\partial z}\frac{\partial}{\partial \theta} + \frac{\partial \phi}{\partial z}\frac{\partial}{\partial \phi} \tag{6.11}$$

という関係式が得られる．

式 (6.6) の両辺を x で偏微分すると $2r(\partial r/\partial x) = 2x$ であるから，$\partial r/\partial x = x/r$ が得られる．

同様に式 (6.6) の両辺を y, z で偏微分すれば $\partial r/\partial y = y/r$, $\partial r/\partial z = z/r$ という関係式が得られる．

これらに式 (6.3)〜(6.5) を代入すれば

$$\frac{\partial r}{\partial x} = \sin\theta\cos\phi, \quad \frac{\partial r}{\partial y} = \sin\theta\sin\phi, \quad \frac{\partial r}{\partial z} = \cos\theta \tag{6.12}$$

つぎに，式 (6.7) の両辺を x で偏微分し，式 (6.3)〜(6.5) を代入すれば $2\tan\theta\sec^2\theta(\partial\theta/\partial x) = 2x/z^2$ より

$$\frac{\partial \theta}{\partial x} = \frac{r\sin\theta\cos\phi\cos^2\theta}{r^2\cos^2\theta\tan\theta} = \frac{\cos\theta\cos\phi}{r}$$

同様に式 (6.7) の両辺を y, z で偏微分し，式 (6.3)〜(6.5) を代入すれば

$$\frac{\partial \theta}{\partial x} = \frac{\cos\theta\cos\phi}{r}, \quad \frac{\partial \theta}{\partial y} = \frac{\cos\theta\sin\phi}{r}, \quad \frac{\partial \theta}{\partial z} = -\frac{\sin\theta}{r} \tag{6.13}$$

が得られる．さらに式 (6.8) の両辺を x, y, z で偏微分することにより

$$\frac{\partial \varphi}{\partial x} = -\frac{\sin\phi}{r\sin\theta}, \quad \frac{\partial \varphi}{\partial y} = \frac{\cos\phi}{r\sin\theta}, \quad \frac{\partial \phi}{\partial z} = 0 \tag{6.14}$$

が得られる．式 (6.12)〜(6.14) を式 (6.9)〜(6.11) に代入すれば

$$\begin{cases} \dfrac{\partial}{\partial x} = \sin\theta\cos\phi\dfrac{\partial}{\partial r} + \dfrac{\cos\theta\cos\phi}{r}\dfrac{\partial}{\partial \theta} - \dfrac{\sin\phi}{r\sin\theta}\dfrac{\partial}{\partial \phi} & (6.15) \\[2mm] \dfrac{\partial}{\partial y} = \sin\theta\sin\phi\dfrac{\partial}{\partial r} + \dfrac{\cos\theta\sin\phi}{r}\dfrac{\partial}{\partial \theta} + \dfrac{\cos\phi}{r\sin\theta}\dfrac{\partial}{\partial \phi} & (6.16) \\[2mm] \dfrac{\partial}{\partial z} = \cos\theta\dfrac{\partial}{\partial r} - \dfrac{\sin\theta}{r}\dfrac{\partial}{\partial \theta} & (6.17) \end{cases}$$

が得られる。式 (6.15)〜(6.17) の両辺を 2 乗して足し合わせれば
$\nabla^2 = \partial^2/\partial x^2 + \partial^2/\partial y^2 + \partial^2/\partial z^2$ は

$$\begin{cases} \nabla^2 = \dfrac{\partial^2}{\partial r^2} + \dfrac{2}{r}\dfrac{\partial}{\partial r} - \dfrac{\hat{l}^2}{\hbar^2 r^2} \\ \hat{l}^2 = -\hbar^2 \left[\dfrac{1}{\sin\theta}\dfrac{\partial}{\partial \theta}\left(\sin\theta\dfrac{\partial}{\partial \theta}\right) + \dfrac{1}{\sin^2\theta}\dfrac{\partial^2}{\partial \phi^2} \right] \end{cases} \quad (6.18)$$

となる。$\hat{l}^2$ は 5 章で扱った全角運動量の 2 乗についての演算子と同じである。これを使うと，極座標での水素原子の Schrödinger 方程式は

$$\left[-\dfrac{\hbar^2}{2m_e}\left(\dfrac{\partial^2}{\partial r^2} + \dfrac{2}{r}\dfrac{\partial}{\partial r}\right) + \dfrac{\hat{l}^2}{2m_e r^2} - \dfrac{e^2}{4\pi\varepsilon_0 r} \right]\psi = E\psi \quad (6.19)$$

となる。Schrödinger 方程式が得られれば，あとはこの方程式を満たす波動関数とエネルギー固有値の組みを求めればよい。水素原子の Schrödinger 方程式は数学的に厳密に解くことができるが，簡単ではない。まず，水素原子の波動関数を

$$\psi(r,\theta,\phi) = R(r)Y(\theta,\phi) \quad (6.20)$$

とおいて，変数分離を試みる。式 (6.20) を式 (6.19) に代入し，両辺を $R(r)Y(\theta,\phi)$ で割れば，Schrödinger 方程式は**動径関数** $R(r)$ の部分と**角度関数** $Y(\theta,\phi)$ の部分とに分離され

$$\dfrac{r^2}{R}\dfrac{d^2R}{dr^2} + \dfrac{2r}{R}\dfrac{dR}{dr} + \dfrac{2m_e}{\hbar^2}r^2\left(E + \dfrac{e^2}{4\pi\varepsilon_0 r}\right) = \dfrac{\hat{l}^2 Y}{Y} \quad (6.21)$$

となる。左辺は r だけの関数，右辺は θ, ϕ だけの関数であるから，この方程式が成り立つためには，両辺が r や θ, ϕ に関係のない定数になっている必要がある。両辺を任意の定数 α に等しいとおいて，別々に微分方程式を解けばよい。

$$\begin{cases} \dfrac{r^2}{R}\dfrac{d^2R}{dr^2} + \dfrac{2r}{R}\dfrac{dR}{dr} + \dfrac{2m_e}{\hbar^2}r^2\left(E + \dfrac{e^2}{4\pi\varepsilon_0 r}\right) = \alpha \\ \dfrac{\hat{l}^2 Y}{Y} = \alpha \end{cases}$$

角度部分に関する方程式は，$\hat{l}^2 Y = \alpha Y$ であるから，式 (6.18) の $\hat{l}^2$ を代入して

$$-\hbar^2 \left[\frac{1}{\sin\theta} \frac{\partial}{\partial\theta}\left(\sin\theta \frac{\partial}{\partial\theta}\right) + \frac{1}{\sin^2\theta} \frac{\partial^2}{\partial\phi^2} \right] Y = \alpha Y$$

である。この方程式は 5 章で扱った角運動量についての方程式とまったく同じものである。Y を θ の関数と ϕ の関数とに分け，$Y = \Theta(\theta)\Phi(\phi)$ とすれば，5 章で求めたとおり Legendre 陪関数（ルジャンドル陪関数，球対称の問題で扱われる）を用いて

$$\Theta(\theta) = N_{l,m} P_l^{|m|}(\cos\theta) \quad (l = 0, 1, 2, 3, \cdots)$$

$$\Phi(\phi) = N_m e^{im\phi} \quad (m = 0, \pm 1, \pm 2, \pm 3, \cdots, \pm l)$$

が得られる。また，$\alpha = \hbar^2 l(l+1)$ である。つぎに，動径 r を含む方程式を解く。

$$\left\{ r^2 \frac{d^2}{dr^2} + 2r \frac{d}{dr} + \frac{2m}{\hbar^2} r^2 \left(E + \frac{e^2}{4\pi\varepsilon_0 r} \right) \right\} R = \hbar^2 l(l+1) R$$

この方程式を解くことも容易ではないが，$R(r)$ は Laguerre 陪多項式（ラゲール陪多項式）を用いて

$$R_{n,l}(r) = N_{n,l} r^l e^{-\frac{r}{na_0}} L_{n+l}^{2l+1}\left(\frac{2r}{na_0}\right) \quad (n = 1, 2, 3, \cdots)$$

と求められる。N は規格化の定数であり，a_0 は Bohr 半径である。したがって，水素原子の波動関数は

$$\begin{cases} \psi_{n,l,m} = R_{n,l}(r)\Theta_{l,m}(\theta)\Phi_m(\phi) \\ n = 1, 2, 3, \cdots \\ l = 0, 1, 2, 3, \cdots \\ m = 0, \pm 1, \pm 2, \pm 3, \cdots, \pm l \end{cases}$$

と求められる。

体積素片 $dv = dxdydz$ は，極座標では，**図 6.3** より

$$dv = r^2 dr \sin\theta d\theta d\phi \tag{6.22}$$

6. 水素原子

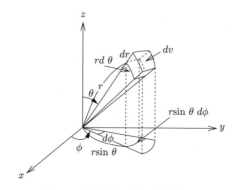

図 6.3 極座標における体積素片

である。したがって，規格化の式は

$$\int_{-\infty}^{\infty}\int_{-\infty}^{\infty}\int_{-\infty}^{\infty}|\psi(x,y,z)|^2\,dxdydz$$
$$=\int_{0}^{\infty}\int_{0}^{\pi}\int_{0}^{2\pi}|\psi(r,\theta,\phi)|^2\,r^2dr\sin\theta d\theta d\phi = 1 \quad (6.23)$$

となる（積分範囲に注意）。

水素原子の規格化された波動関数を**表 6.1**，**表 6.2** に示す。

水素原子の Schrödinger 方程式を解く過程で，三つの量子数 n, l, m が出てくる。n を**主量子数**，l を**方位量子数**，m を**磁気量子数**という。

n は 1, 2, 3, $\cdots$，l は 0, 1, 2, $\cdots$, $n-1$，m は $-l, -l+1, \cdots, l$ である。エネルギーは主量子数だけで決まり，l, m で軌道の形が決まる。

これらの波動関数と波動関数の 2 乗（電子を見出す確率）をプロットしたものを**図 6.4〜図 6.6** に示す。

s 軌道の波動関数は角度関数を含まないので，$|\psi|^2$ は r だけの関数になる。したがって，原点から同じ距離 r だけ離れたところの $|\psi|^2$ は同じ値になるので，s 軌道の $|\psi|^2$ をプロットすると球形になる。

表 6.1 水素原子の波動関数（1s〜3p軌道）($\rho = 2r/(na_0), a_0 = \hbar^2/(m_e e^2)$）

$n, l, |m|$		波動関数
1　0　0	1s	$\dfrac{1}{\pi}\left(\dfrac{1}{a_0}\right)^{\frac{3}{2}} e^{-\rho/2}$
2　0　0	2s	$\dfrac{1}{4\sqrt{2\pi}}\left(\dfrac{1}{a_0}\right)^{\frac{3}{2}} (2-\rho)\cdot e^{-\rho/2}$
2　1　0	$2\mathrm{p}_z$	$\dfrac{1}{4\sqrt{2\pi}}\left(\dfrac{1}{a_0}\right)^{\frac{3}{2}} \rho\cdot e^{-\rho/2}\cos\theta$
2　1　1	$2\mathrm{p}_x$	$\dfrac{1}{4\sqrt{2\pi}}\left(\dfrac{1}{a_0}\right)^{\frac{3}{2}} \rho\cdot e^{-\rho/2}\sin\theta\cos\phi$
	$2\mathrm{p}_y$	$\dfrac{1}{4\sqrt{2\pi}}\left(\dfrac{1}{a_0}\right)^{\frac{3}{2}} \rho\cdot e^{-\rho/2}\sin\theta\sin\phi$
3　0　0	3s	$\dfrac{1}{18\sqrt{3\pi}}\left(\dfrac{1}{a_0}\right)^{\frac{3}{2}} (6-6\rho+\rho^2)\cdot e^{-\rho/2}$
3　1　0	$3\mathrm{p}_z$	$\dfrac{1}{18\sqrt{2\pi}}\left(\dfrac{1}{a_0}\right)^{\frac{3}{2}} (4\rho-\rho^2)\cdot e^{-\rho/2}\cos\theta$
3　1　1	$3\mathrm{p}_x$	$\dfrac{1}{18\sqrt{2\pi}}\left(\dfrac{1}{a_0}\right)^{\frac{3}{2}} (4\rho-\rho^2)\cdot e^{-\rho/2}\sin\theta\cos\phi$
	$3\mathrm{p}_y$	$\dfrac{1}{18\sqrt{2\pi}}\left(\dfrac{1}{a_0}\right)^{\frac{3}{2}} (4\rho-\rho^2)\cdot e^{-\rho/2}\sin\theta\sin\phi$

表 6.2 水素原子の波動関数（3d軌道）($\rho = 2r/(na_0)$, $a_0 = \hbar^2/(m_e e^2)$）

$n, l, |m|$		波動関数
3　2　0	$3\mathrm{d}_{z^2}$	$\dfrac{1}{36\sqrt{2\pi}}\left(\dfrac{1}{a_0}\right)^{\frac{3}{2}} \rho^2 e^{-\rho/2}\cdot\dfrac{1}{\sqrt{3}}(3\cos^2\theta-1)$
3　2　1	$3\mathrm{d}_{zx}$	$\dfrac{1}{36\sqrt{2\pi}}\left(\dfrac{1}{a_0}\right)^{\frac{3}{2}} \rho^2 e^{-\rho/2}\cdot\sin 2\theta\cos\phi$
	$3\mathrm{d}_{yz}$	$\dfrac{1}{36\sqrt{2\pi}}\left(\dfrac{1}{a_0}\right)^{\frac{3}{2}} \rho^2 e^{-\rho/2}\cdot\sin 2\theta\sin\phi$
3　2　2	$3\mathrm{d}_{x^2-y^2}$	$\dfrac{1}{36\sqrt{2\pi}}\left(\dfrac{1}{a_0}\right)^{\frac{3}{2}} \rho^2 e^{-\rho/2}\cdot\sin^2\theta\cos 2\phi$
	$3\mathrm{d}_{xy}$	$\dfrac{1}{36\sqrt{2\pi}}\left(\dfrac{1}{a_0}\right)^{\frac{3}{2}} \rho^2 e^{-\rho/2}\cdot\sin^2\theta\sin 2\phi$

138 6. 水素原子

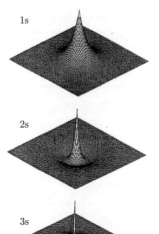

1s軌道の波動関数の2乗(電子を見出す確率)が等しい面

xy 平面上での s 軌道の波動関数の値をプロットしたもの

図 **6.4** 1s 軌道の波動関数を xy 平面上で計算した結果と波動関数の 2 乗の値が等しい曲面(出典:小笠原正明,田地川浩人著『化学結合の量子論入門』 三共出版)

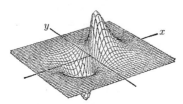

波動関数 ϕ_{2p_x} の値を xy 平面上で計算したもの

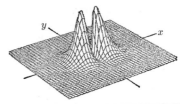

波動関数 ϕ_{2p_x} の 2 乗(電子を見出す確率)の値を xy 平面上で計算したもの

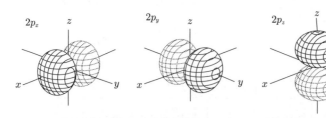

図 **6.5** 2p 軌道の波動関数を xy 平面上で計算した結果と波動関数の 2 乗の値が等しい曲面(出典:鐸木啓三,菊池修著『電子の軌道』 共立出版)

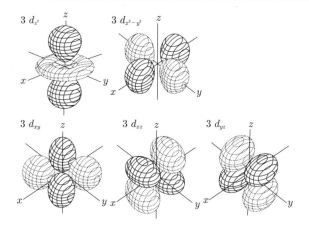

図 6.6 3d 軌道の波動関数の 2 乗の値が等しい曲面
（出典：鐸木啓三，菊池修著『電子の軌道』 共立出版）

6.2 波動関数から求められる水素原子の半径

水素原子の大きさを波動関数から求めてみよう。水素原子の基底状態 ($n=1$, $l=0$, $m=0$) の波動関数は

$$\psi_{1,0,0} = \frac{1}{\sqrt{\pi}} \left(\frac{1}{a_0}\right)^{\frac{3}{2}} e^{-\rho/2} = \frac{1}{\sqrt{\pi}} \left(\frac{1}{a_0}\right)^{\frac{3}{2}} e^{-r/a_0},$$

$$a_0 = \frac{\varepsilon_0 h^2}{\pi m_e e^2} \quad \text{(Bohr 半径)}$$

である。波動関数に付いている添え字 (1,0,0) は量子数 (n, l, m) である。

電子が核から r と $r+dr$ の球殻中に存在する確率を r の関数として表してみよう。ここでいう「球殻」の厚さは dr で無限に薄いわけだから、球殻中に存在する確率 $P=$ 球殻の体積 $\times |\psi|^2 =$ 球面の面積 $\times |\psi|^2$ となる。したがって

$$P(r) = 4\pi r^2 \psi_{1,0,0}^2 = 4 \left(\frac{1}{a_0}\right)^3 e^{-2r/a_0} r^2$$

6. 水素原子

そして，水素原子の半径とは，電子を見出す確率が最大値となる半径のことである。電子を見出す確率が最大値をとる条件は

$$\frac{dP(r)}{dr} = 0$$

であるから

$$\frac{8}{a_0^3} r e^{-2r/a_0}(1 - r/a_0) = 0$$

のときに電子を見出す確率が最大になる。それは $r = a_0$ のときである（**図 6.7**）。したがって，Schrödinger 方程式を解いて得られる水素原子の 1s 軌道の波動関数から求めた水素原子の最大確率半径と，Bohr の理論による水素原子の半径とは完全に一致するのである。ただし，Bohr モデルでは電子は完全に半径が定まった円軌道上を運動しているが，Schrödinger 方程式から得られた半径は，電子が見出される確率が最も高い半径である。電子は固定された円軌道上を運動しているわけではない。原子や分子中の電子の軌道のことを英語で Orbital（オービタル）という。線路のようにきっちりと定まった軌道は Orbit（オービット）であるが，電子の軌道は Bohr モデルのように完全に定まったものではなく，軌道的なものであるということを表現するために Orbital という単語が使われている。

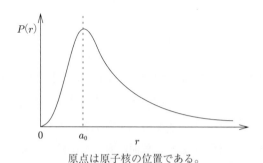

原点は原子核の位置である。

図 6.7 1s 軌道の電子密度を原子核からの距離の関数として表したもの

さて，水素原子が電子を失うと水素イオンになる。水素イオンの濃度は化学や生物学で非常に重要なファクターの一つである。水素イオンがほかの陽イオ

ンより重要視されるのはなぜだろうか．水素イオンの大きさを考えてみよう．陽子の半径は 1.2×10^{-5} Å（1.2×10^{-15} m），水素の 1s 軌道の半径は 0.5 Å（5×10^{-11} m）である（図 **6.8**）．したがって，水素原子が電子を失って水素イオンになると，その大きさは原子のときの 10 万分の 1 になる．水素イオンは原子に比べて異常に小さいという特徴があるのである．水素イオンは陽子（proton）そのものであって，もはや原子ではない．ただし，われわれが実際に扱う水素イオンはむき出しの状態で存在しているわけではなく，ほかの分子にくっついている．例えば水溶液中の水素イオンは水分子にくっついてオキソニウムイオン（H_3O^+）として存在している．酸素の電子雲の中に埋もれているのである．

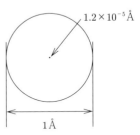

図 6.8 水素原子と原子核

6.3 水素類似原子

水素原子と同様に 1 個の原子核と 1 個の電子から構成されているが，原子核の電荷が 1 ではないものを**水素類似原子**と呼ぶ．水素類似原子の波動関数は，エネルギーの大きさは水素原子とは異なるが，軌道の形等は水素原子とほとんど同じである．ただし，電子と原子核との平均距離は水素原子よりも当然小さくなる．

章 末 問 題

問題 6.1 微分演算子 ∇^2 を極座標 (r, θ, ϕ) で表せ．

問題 6.2 Bohr 半径と Schrödinger 方程式から得られる水素原子の半径は一致している．では，Schrödinger 方程式からどのようにして水素原子の軌道半径が計算できるか説明せよ．

問題 6.3 量子数 n, l, m はそれぞれなんであるか説明せよ．

問題 6.4 s軌道とp軌道，d軌道の形（電子を見出す確率の等しい面のだいたいの形）を描け。

問題 6.5 つぎの問に答えよ。

（1） 主量子数 $n=1$ の軌道には s, p, d, f の軌道がそれぞれ何個あるか。

（2） 主量子数 $n=2$ の軌道には s, p, d, f の軌道がそれぞれ何個あるか。

（3） 主量子数 $n=3$ の軌道には s, p, d, f の軌道がそれぞれ何個あるか。

7章
電子のスピンと量子状態

Schrödinger 方程式を解けば，電子についてのすべてがわかる。量子数 n, l, m だけでもかなりのことがわかる。主量子数 n でエネルギーの大きさが決まり，方位量子数 l と磁気量子数 m とで軌道の形が決まる。しかし，電子には，じつは Schrödinger 方程式からは導かれないスピンという性質がある。

7.1 電　　　子

電子は質量と電荷を持った素粒子の一つである。電子とはどんなものか，と問われれば，多くの人は雷や発火装置の放電の青白い光を思い出し，青白い小さな玉を思い浮かべるのではないだろうか。しかし，あの青白い光は放電によって生じた酸素プラズマのものであって，電子そのものの姿ではない。酸素分子が放電の圧倒的に大きなエネルギーを受けて原子核と電子がばらばらになり（プラズマ状態）それがもとの酸素分子に戻るときに放出される

Joseph John Thomson

光が青色なのである。電子は 1897 年に J.J. Thomson（トムソン，英国，1856～1940 年）によって発見された。Thomson は，真空中で電極から放出される電子線（陰極線）が電場と磁場によってどのように方向を曲げられるかを測定し（**図 7.1**），陰極線が質量と電荷を持つ粒子からなっていることを示した。そして，電子の質量と電荷の比（比電荷）を求めることにも成功した。

$$\frac{m_e}{e} = -0.568\,57 \times 10^{-11}\,\text{kg/C}$$

7. 電子のスピンと量子状態

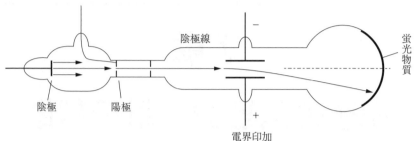

Thomson の助手の記録によると，Thomson は不器用で実験が下手だったので，助手たちは彼に実験装置に触らせないように苦心したそうである。また，Thomson 自身も「実験室のガラス器具にはみな，魔法が掛けられていると思い込んでいた」と語っている。

図 7.1 Thomson の陰極線実験装置

そして 1912 年に R.A. Millikan（ミリカン，米国，1868～1953 年）は電子の電荷（電気素量）の測定に成功した。Millikan は霧吹きから噴出させた半径 $2.8\,\mu m$，重さ $8.1 \times 10^{-14}\,kg$ の鉱油（時計油）の霧のつぶ（油滴）に静電気を帯びさせ，これが静かに落下しているときに電界を印加し，重力と電荷に働く力が釣り合うときの電界の大きさから，油滴が帯びた電荷量を求めた（**図 7.2**）。すると，油滴の電荷がある数字の整数倍になっていることが見出された。この結果から，電子の電荷の大きさが

$$e = 1.602 \times 10^{-19}\,C$$

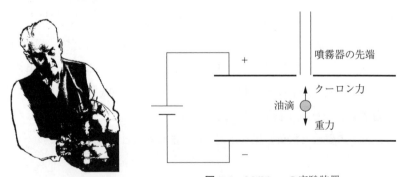

Robert A. Millikan　　**図 7.2** Millikan の実験装置

であることが明らかになった。この結果と比電荷の値から電子の質量が計算でき，電子の質量は

$$m_e = 9.1 \times 10^{-31}\,\text{kg}$$

であることがわかった。水滴ではなく油滴を用いた理由は蒸発を防ぐためである。また，油滴は霧吹きから噴出させれば，それだけで帯電するが，それで足りないときはX線を照射した。ちなみにMillikanの実験の助手を務めていたのは，戦前の理研にいた石田義雄博士である。また，電子の半径は $r_e = 2.8 \times 10^{-15}\,\text{m}$ と理論的に大まかに見積もられている。これは，$E = m_e c^2$ から計算される電子の質量のエネルギーの半分が電界の形成に使われ，残りの半分が形の形成に使われると仮定して計算されたもので，この「半分」という根拠は明確ではない。電子の大きさは，じつはまだよくわかっていないのである。場の量子論などでは，電子は質量はあるが大きさはない「点」として扱われている。電子の大きさを知る方法を生み出せば，物理学の法則に変更が加わるかもしれない。

7.2 電子のスピン

電子には，スピンと呼ばれる状態がある。日本語に訳せば「自転」であるが，物理的に本当に電子が自転しているというわけではない。この電子のスピンは，理論より先に実験的に発見された。1921年に，Stern（シュテルン，ドイツ → 米国，1888～1969年）とGerlach（ゲルラッハ，ドイツ，1889～1979年）が分子線についての実験を行った。銀を高温に加熱して蒸気にし，それを磁石の間を通り抜けさせると，銀蒸気の行き先は磁場中で二つに分かれた（図7.3）。この結果は，銀原子の磁気モーメントが二つの方向をとり得ることを示している。

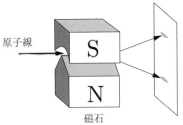

図7.3 Stern-Gerlachの実験

ナトリウムや水素を用いた場合でも同様の結果が得られたことから，原子中の電子の磁気モーメントが二つの方向だけをとり得ることがわかった．また，1920年代には，ナトリウム灯のD線（3p軌道に励起された電子が3s軌道に戻るときに放射される光）が二つに分裂している（589 nmと590 nm）ことも発見された．3s軌道も3p軌道もエネルギーの大きさはそれぞれ一つなので，D線も一つの波長だけになるはずなのに，放射されるエネルギーは二つの値になっていた．これは，電子が二つの状態をとり得ることを示している．そして，ナトリウムのD線に関する詳しい研究から，電子が$+(1/2)\hbar$または$-(1/2)\hbar$のどちらかの角運動量を持って自転しているとすると，二重線をうまく説明できることがわかった．電子が自転しているとすると，その全角運動量の2乗の値は，量子数sを用いて$s(s+1)\hbar^2$，角運動量のz軸方向成分は$m_s\hbar$になる．m_sは，$-s$から$+s$までの$2s+1$個の値をとり得る．Stern-Gerlachの実験やナトリウムD線の研究の結果から，電子の磁気モーメント（つまり角運動量）は二つの値しかとっていないので，$2s+1=2$である．したがって，$s=1/2$が導かれる．m_sの値は$+1/2$か$-1/2$のどちらかに限定される．スピンの全角運動量の2乗の値と角運動量のz軸方向成分の値は

$$\begin{cases} S^2 = s(s+1)\hbar^2 = \dfrac{1}{2}\left(\dfrac{1}{2}+1\right)\hbar^2 = \dfrac{3}{4}\hbar^2 \\ S_z = +\dfrac{1}{2}\hbar \text{または} -\dfrac{1}{2}\hbar \end{cases}$$

となる．これらの関係は**図7.4**に示される．$m_s = +1/2$の状態をα（上向きスピン↑）$m_s = -1/2$の状態をβ（下向きスピン↓）と表す．このように，m_sは整数ではない値をとる量子数である．電子の二つの状態を「スピン」としたのはGeorge Eugene Uhlenbeck（ウーレンベック，オランダ，1900〜1988年）とSamuel Abraham Goudsmit（ハウシュミット，オランダ，1902〜1978年）である．電子が自転しながら原子核の周りを公転するという彼らのモデ

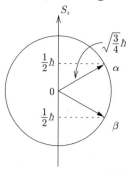

図7.4 電子のスピンの角運動量

ルは相対性理論に矛盾するものであったが，1925年に論文を完成させたとき，彼らの指導教員であったPaul Ehrenfest（エーレンフェスト，オランダ，1880〜1933年）は彼らが「充分若い（20代の大学院生）のでバカなことをしても許される」として論文を投稿したという．

■ 電子のスピンと磁性

電子のスピンは磁性の源である．隣り合うスピンが同一の方向を向いて整列し，全体として大きな磁気モーメントを持つ物質を強磁性体と呼ぶ．室温で強磁性を示す単体の物質は鉄，コバルト，ニッケル，ガドリニウムに限られている．一般の有機化合物ではすべての電子がパウリの排他原理に従ってスピンを対にして軌道を占めているため，磁性を示さない．また，単純に，対になっていない電子（ラジカル電子）を分子中に導入しても，ラジカル電子どうしにうまく相互作用が働き，それらのスピンの向きがそろわなければ強磁性体にはならない．特定の電子のスピンを一方向にそろえることが可能であることが1960年代に大阪大学の又賀，伊藤らによって示された．

又賀らによる理論の概要は，つぎのようなものである．光吸収によって図 **7.5** のようなジアゾ化合物の窒素が脱離し，カルベン（結合に関与しない2個の電子）が発生する．このカルベンの電子は，エネルギーは等しいが異なる軌道に入っているため，そのスピンの方向はHundの規則に従って同じ方向になる．そして，このカルベンの電子がπ共役系に広がって安定化するために，π共役系電子のスピンは隣り合ったものどうしが上下ペアになるため，分子全体のス

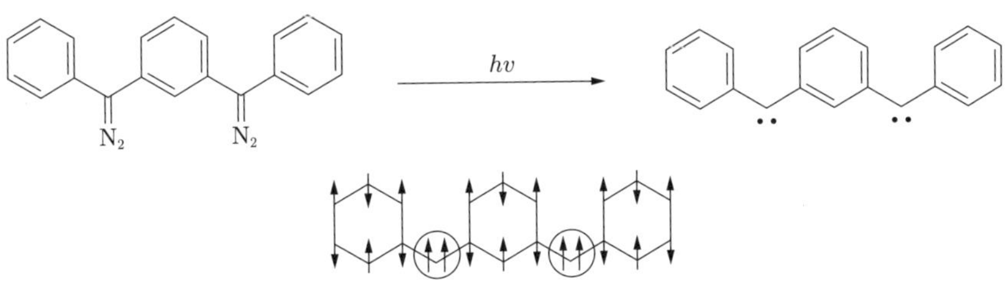

図 **7.5** ポリカルベンでの強磁性の発現

ピン配置は図7.5のようにならざるを得ない。その結果，分子内のカルベンの電子のスピンの向きがすべてそろう。

一分子内で結合に関与していない電子のスピンの向きが整列している状態を分子磁性という。磁石に吸い寄せられる強磁性体を作るためには，さらに分子間でのスピン相互作用を導入し，物質全体でスピンの向きをそろえなければならない。ここでは簡易的にスピン整列の機構について書いたが，有機強磁性体のスピン整列機構は明確ではなく，理論的に強磁性の発現を予想するための一般則はまだ存在していない。有機強磁性体を作る試みは現在でも最先端の研究分野である。ちなみに世界初の有機強磁性体は名古屋大学の阿波賀らによって1991年に合成されている。現時点ではまだ，極低温でなければ有機物で強磁性を達成することはできないが，より高温で強磁性を示す有機物の探索が行われている。

7.3 区別できない粒子

いま，二つの電子が運動しているとする。それらの電子の運動をできる限り精密に把握したいと思っても，電子についての波動関数から得られる以上の情報は得られない。そして，波動関数は「確率」しか保証してくれない。電子がいつどこにいるかは確率的にしか決まらないので，ある時刻で電子1と電子2を区別したとしても，つぎの瞬間には1か2かわからなくなる（**図7.6**）。二つの電子を，どちらがどちらとは原理的に区別できないのである。この「二つの電子を区別できない」ということは，波動関数でどのように表現できるであろうか。2個の電子が運動している系の波動関数を $\psi(1,2)$ と表す。この2個の電子をたがいに交換する。

$$\psi(1,2) \to \psi(2,1)$$

電子を交換する操作を表す演算子を $\hat{S}$ とす

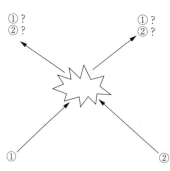

図7.6 電子は区別できない

ると、$\psi(1,2)$ に $\hat{S}$ を 2 回作用させたときにもとの関数に戻っていなければならない。

$$\hat{S} \cdot \hat{S}\psi(1,2) = \hat{S}^2\psi(1,2) = \psi(1,2)$$

これを単純に見れば、$\hat{S} = \pm 1$ である。しかし、もし $\hat{S} = +1$ だとすると、電子を交換しても波動関数はまったく変化しないことになる。これは電子 1 と電子 2 がまったく同じ状態にあることになるので、Pauli の排他原理に違反することになってしまう。したがって、$\hat{S} = -1$ でなければならない。このことは、電子を交換すると波動関数の符号が変わらなければならないということを意味している。

$$\psi(1,2) = -\psi(2,1) \tag{7.1}$$

これを「電子の波動関数は反対称である」という。多電子系の波動関数は、電子を交換したときに符号が変わるという条件を満たしたものでなければならない。電子のように、スピン量子数が半整数（= 1/2）で、波動関数が反対称になっている粒子を Fermi 粒子と呼ぶ。

7.4 スレーター行列式

電子が 2 個ある系を考える。電子が上向きスピンになった状態を表す関数を α、下向きスピンの状態を表す関数を β とする。二つの電子からなる系の波動関数は、単純に考えれば $\psi(1,2) = \phi(1)\alpha\phi(2)\beta$ となる。しかし、この式では、「電子 1 が α で、電子 2 が β」と、二つの電子を区別してしまっている。そこで電子 1 と 2 を入れ替えた項を加えてやる必要がある。

$$\psi(1,2) = \frac{1}{\sqrt{2}} \{\phi(1)\alpha\phi(2)\beta \pm \phi(2)\alpha\phi(1)\beta\}$$

この式では、電子 1 も電子 2 も α でありながら β になっており、両者を区別することはできない。この式で電子 1 と 2 を交換すれば

$$\psi(2,1) = \frac{1}{\sqrt{2}} \{\phi(2)\alpha\phi(1)\beta \pm \phi(1)\alpha\phi(2)\beta\}$$

となるが，これらが $\psi(1,2) = -\psi(2,1)$ を満たさなければならないので

$$\psi(1,2) = \frac{1}{\sqrt{2}} \{\phi(1)\alpha\phi(2)\beta - \phi(2)\alpha\phi(1)\beta\} \tag{7.2}$$

でなければならない。

図 7.7 のように，2 個の電子が二つの軌道に分布している場合を考える。軌道のエネルギーを E_1，E_2 としているが，それぞれの軌道の波動関数が異なっていれば $E_1 \neq E_2$ でよい。それぞれの状態は

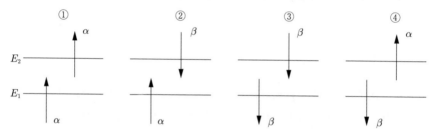

図 7.7 二つのエネルギー準位にある二つの電子のスピン配置

① $\psi(1,2) = \dfrac{1}{\sqrt{2}} \{\phi_1(1)\alpha\phi_2(2)\alpha - \phi_1(2)\alpha\phi_2(1)\alpha\}$

② $\psi(1,2) = \dfrac{1}{\sqrt{2}} \{\phi_1(1)\alpha\phi_2(2)\beta - \phi_1(2)\alpha\phi_2(1)\beta\}$

③ $\psi(1,2) = \dfrac{1}{\sqrt{2}} \{\phi_1(1)\beta\phi_2(2)\beta - \phi_1(2)\beta\phi_2(1)\beta\}$

④ $\psi(1,2) = \dfrac{1}{\sqrt{2}} \{\phi_1(1)\beta\phi_2(2)\alpha - \phi_1(2)\beta\phi_2(1)\alpha\}$

と表すことができる。これは，行列式を用いれば

① $\psi(1,2) = \dfrac{1}{\sqrt{2}} \begin{vmatrix} \phi_1(1)\alpha & \phi_2(1)\alpha \\ \phi_1(2)\alpha & \phi_2(2)\alpha \end{vmatrix}$

② $\psi(1,2) = \dfrac{1}{\sqrt{2}} \begin{vmatrix} \phi_1(1)\alpha & \phi_2(1)\beta \\ \phi_1(2)\alpha & \phi_2(2)\beta \end{vmatrix}$

③ $\quad \psi(1,2) = \dfrac{1}{\sqrt{2}} \begin{vmatrix} \phi_1(1)\beta & \phi_2(1)\beta \\ \phi_1(2)\beta & \phi_2(2)\beta \end{vmatrix}$

④ $\quad \psi(1,2) = \dfrac{1}{\sqrt{2}} \begin{vmatrix} \phi_1(1)\beta & \phi_2(1)\alpha \\ \phi_1(2)\beta & \phi_2(2)\alpha \end{vmatrix}$

と書ける。一般に N 個の電子が $N/2$ 個の軌道に分布している場合，その系の波動関数は

$$\psi = \dfrac{1}{\sqrt{N!}} \begin{vmatrix} \phi_1(1)\alpha & \phi_1(1)\beta & \phi_2(1)\alpha & \phi_2(1)\beta & \cdots & \phi_{\frac{N}{2}}(1)\beta \\ \phi_1(2)\alpha & \phi_1(2)\beta & \phi_2(2)\alpha & \phi_2(2)\beta & \cdots & \phi_{\frac{N}{2}}(2)\beta \\ \vdots & \vdots & \vdots & \vdots & \cdots & \vdots \\ \phi_1(N)\alpha & \phi_1(N)\beta & \phi_2(N)\alpha & \phi_2(N)\beta & \cdots & \phi_{\frac{N}{2}}(N)\beta \end{vmatrix}$$

と書くことができる。これをスレーター行列式という。この式は，例えば ϕ_1 の軌道に入っている電子が，電子 1 から電子 N までのどれなのかわからないことを表現している。この行列式をよく見ると

$$\psi = \dfrac{1}{\sqrt{N!}} \begin{vmatrix} \text{電子 1} \\ \text{電子 2} \\ \text{電子 3} \\ \bullet \end{vmatrix}$$

という形になっている。数学的な性質として，行列式は任意の二つの行を入れ替えると正負が変わる。電子を交換することは，スレーター行列式で行を交換する操作をすることである。したがって，スレーター行列式を用いれば，電子を交換したときに波動関数の正負が変わることが保証される。さらに，二つ以上の列の要素が等しい行列式はその値が 0 になるという性質があるので，一つの軌道に同じスピンの電子を入れた場合には波動関数が 0 になり，そのような軌道が許されないという Pauli の排他原理からの要請も満たしている。

$$\psi = \frac{1}{\sqrt{N!}} \begin{vmatrix} \phi_1(1)\alpha & \phi_1(1)\alpha & \phi_2(1)\alpha & \phi_2(1)\beta & \cdots & \phi_{\frac{N}{2}}(1)\beta \\ \phi_1(2)\alpha & \phi_1(2)\alpha & \phi_2(2)\alpha & \phi_2(2)\beta & \cdots & \phi_{\frac{N}{2}}(2)\beta \\ \vdots & \vdots & \vdots & \vdots & \cdots & \vdots \\ & & & & \cdots & \\ \phi_1(N)\alpha & \phi_1(N)\alpha & \phi_2(N)\alpha & \phi_2(N)\beta & \cdots & \phi_{\frac{N}{2}}(N)\beta \end{vmatrix}$$
$$= 0$$

7.5 量子状態

主量子数 n,方位量子数 l,磁気量子数 m の三つの量子数で指定される一つの状態(軌道)には,スピンが α と β の二つの電子まで入ることができる。スピンが α か β かを区別するために,第四の量子数 m_s を導入する。$m_s = \pm 1/2$ である。四つの量子数 (n, l, m, m_s) で電子の状態は完全に指定される。これを量子状態という。Pauli の排他原理は,「一つの量子状態を二つの電子が占めることはない」と表現される。n, l, m で軌道を指定し,m_s でそこに入る電子のスピンを決める。n, l, m が Schrödinger 方程式を解く過程で必然的に導入されたのに対して,m_s はこれまでの Schrödinger 方程式の扱いでは導入されない。実験的事実から m_s が必要とされた。m_s は Dirac によって展開された相対性理論を取り入れた量子力学(相対論的量子力学)で理論的に導入される。1928 年に発表された「電子の量子論」という論文で,Dirac は電子のスピンの

P.A.M. Dirac。板書はあまり上手くないように見える。水素分子の共有結合についての板書のようである。

存在を前提としないで議論を進め，相対性理論と量子力学の一般原理からスピンの存在が必然的に導入されることを示した。

相対論と量子力学の統合から得られた Dirac 方程式は，電子と同じ質量で反対の電荷を帯びた新種の粒子の存在を予言していた。これは陽電子（positron）と呼ばれる反粒子である。反粒子や反物質は，通常の物質（常物質）とは反対の存在である。反物質は常物質と出会うと消滅（対消滅）し，両物質の質量がまるごとエネルギーに変わる（$E = mc^2$）。陽電子の存在は 1932 年に実験的に証明され，現在では加速器を使った実験であたりまえに作られている。反陽子（antiproton, $-e$ の電荷を持っている）は 1955 年に発見されている。反陽子と陽電子からなる反水素原子を大量に（といっても 5 万個くらい）作り上げる試みは，東京大学の早野龍五らを含む欧州合同原子核研究機関（CERN）の国際研究チームによって 2002 年に成功している。反水素原子は原子番号が -1 である。

反粒子という概念は Dirac 方程式から得られたが，Dirac 自身は反粒子にはまったく興味がなかったらしい。彼の興味は理論の美しさに集中しており，新粒子の予言というセンセーショナルな話題で人々の関心を引き寄せることを好まなかった。また，Dirac は，非常に口数の少ない人であった。当時の物理学者の間で，「沈黙」の単位を "Dirac" にしよう，という冗談があったほどである。Dirac は沈黙を破って言葉を発するときにはきわめて厳密な言葉を使った。文章についても厳格で，「人は結末を明確にするまでは，文章を作成し始めるべきではない」と Bohr に語ったそうである。Dirac の著書 "The Principles of Quantum Mechanics"（Oxford University Press（1958），日本語訳に朝永振一郎訳『量子力学』，岩波書店（1968 年）がある）は「量子力学に関する奇跡的な名著」と評価されており，Richard Phillips Feynman（ファインマン，米国，1918〜1988 年）はこの本を読み込むことで，ノーベル賞受賞に至るアイディアをつかみ取ったという。Feynman は量子電磁気学を創り上げ，1965 年に朝永振一郎，Schwinger とともにノーベル賞を受賞している。Feynman の一般向けの著作はどれも非常に面白い。Dirac は終生，基礎的な研究テーマに取り組み，自分の研究室に学生を受け入れたがらなかった。また，Dirac は 1933 年

7. 電子のスピンと量子状態

ガゼルは警戒心が強い動物で、敵を察知するとすぐに逃げる。

にノーベル賞を受賞したが、報道陣の前に出ることを避け続けたため、ロンドンの新聞に「ガゼルのように内気で、ヴィクトリア朝の少女のように慎み深い」と報じられた。

Dirac 方程式は一行で書くことができる。

$$i\hbar\frac{\partial |\psi\rangle}{\partial t} = \left(c\vec{v}\cdot\vec{p} + \beta mc^2\right)|\psi\rangle$$

$|\psi\rangle$ は、波動関数のベクトル的表現である。波動関数は位置座標と時間、スピンを指定すればその値が決まるものなので、(その値、位置座標、時間、スピン) というベクトルで表すことができる。この方程式の解から、水素原子の詳細や、電子のスピン、反物質の存在が導かれる。Dirac は、粒子の状態をベクトル $|\psi\rangle$ で表し、その複素共役ベクトルを $\langle\psi|$ とした。そして、英語で括弧 〈 〉のことを bracket (ブラケット) ということから、$\langle\psi|$ を**ブラベクトル** (bra-vector)、$|\psi\rangle$ を**ケットベクトル** (cket-vector) と命名した。Dirac にとっては bracket という単語を分解して付けた命名が自分なりに気に入っていたらしく、講義でブラベクトルとケットベクトルを紹介するときは、はにかみながらも、とても嬉しそうだったそうである。

ちなみに $\langle\psi|$ と $|\psi\rangle$ は、横ベクトルと縦ベクトルになる。

$$\langle a| = (a_1^* a_2^* \cdots a_n^*)$$

$$|a\rangle = \begin{pmatrix} a_1 \\ a_2 \\ \vdots \\ a_n \end{pmatrix}$$

横ベクトルと縦ベクトルの内積は

$$\begin{pmatrix} a_1 & a_2 & \cdots & a_n \end{pmatrix} \begin{pmatrix} b_1 \\ b_2 \\ \vdots \\ b_n \end{pmatrix} = a_1 b_1 + a_2 b_2 + a_3 b_3 + \cdots + a_n b_n$$

となるので，$\langle \psi_1 | \psi_2 \rangle$ は $\int \psi_1^* \psi_2 dv$ と等価で，$\langle \psi_1 | \hat{H} | \psi_2 \rangle$ は $\int \psi_1^* \hat{H} \psi_2 dv$ と等価である．ブラベクトルとケットベクトルを使えば，積分の表記が簡便になる．そして，ベクトルであれば線形代数の規則に従うので，演算の順序（交換関係）が重要な量子力学の体系を記述するのに非常に適している．

章 末 問 題

問題 7.1 Millikan（ミリカン）の実験がどのようなものであったか説明せよ．

問題 7.2 電子にスピンがあることはどのようにして発見されたか説明せよ．

問題 7.3 Stern–Gerlach の実験は平行にならべた磁石の間に原子線を通過させるものであったが，片方の磁石を鋭角にしていたのはなぜか説明せよ．

問題 7.4 つぎの原子の，基底状態におけるすべての電子の量子状態を記せ．
（1）ホウ素　（2）炭素　（3）窒素　（4）酸素

8章
多電子系の扱いと近似計算

　これまで何度も述べてきたように，量子力学は，Schrödinger 方程式を満たす波動関数とエネルギー固有値を求めればよい。しかし，Schrödinger 方程式は 2 階の偏微分方程式であり，必ずしも解けるとは限らない。そもそも微分方程式を解くという作業は，$x^2 = 4$ などという方程式を解く作業とは異なり，問題となっている式から直接的な作業によって解を導き出すことができない。微分方程式を解くということは，どうにかしてその微分方程式を満たす関数を見つけるという作業をすることである。Schrödinger 方程式を立てることはできたが，解が見つからないということは，頻繁に起こる。というより，解が見つかる Schrödinger 方程式はきわめて限られている。水素原子以外の原子の電子軌道についての Schrödinger 方程式は厳密な解を求めることはできない。しかし，解を求めなければ話は進まない。数学的に厳密な Schrödinger 方程式の解を求めることは不可能でも，厳密解に近い波動関数とエネルギー固有値を求める必要がある。そのために近似法が重要になる。これは，微分方程式を完璧に解くのではなく，なるべく微分方程式を満たす関数とエネルギー値を見つける作業である。さまざまな方法があるが，基本となるのは**変分法**と**摂動法**である。

8.1　変　　分　　法

　$\hat{H}\psi = E\psi$ の固有関数が解析的に求まらない場合，適当な関数を用いて近似的な解を求める方法である。その関数の中にあらかじめなんらかの調節可能なパラメータを含ませておく。そして，そのパラメータをうまく調整して，関数が系の状態をなるべく正しく記述するように最適化する。

8.1 変分法

任意の規格化された関数 ψ に関する積分

$$E = \int \psi^* \hat{H} \psi dv \tag{8.1}$$

はハミルトニアン $\hat{H}$ の基底状態のエネルギー（最低のエネルギー）を E_0 とすると

$$E \geqq E_0 \tag{8.2}$$

を満たす．したがって，基底状態のエネルギーを求める場合，試行関数 ψ をいくつかのパラメータを含み，簡単でかつ物理的にもっともらしい形のものにし，エネルギー E が極小値になるようにパラメータの値を決める，ということがよく行われる．分子軌道の波動関数 ψ を原子軌道関数 ϕ_i の足し合せによって

$$\psi = c_1\phi_1 + c_2\phi_2 + c_3\phi_3 + \cdots + c_n\phi_n = \sum_i^n c_i\phi_i$$

と表し，この $c_1, c_2, c_3, \cdots, c_n$ の値を，分子軌道のエネルギーが最低値をとるように変分法を使って調整することがよくある．これは **Rayleigh-Ritz の変分法**と呼ばれる．詳しくは分子軌道の章で扱う．

■ 変分原理の証明

エネルギー固有値の極小値を求めることで，エネルギー固有値の真の解に近い値を求めることができることを証明できる．試行関数 ψ を $\hat{H}$ の固有関数 ϕ_n ($\hat{H}\phi_n = E_n\phi_n$) で展開して

$$\psi = \sum_n a_n \phi_n$$

と書く．これを用いて $E = \int \psi^* \hat{H} \psi dv$ を計算すると

$$\begin{aligned} E &= \int \psi^* \hat{H} \psi dv = \sum_n a_n a_m \int \phi_n \hat{H} \phi_m dv \\ &= \sum_n a_n a_m \int \phi_n E_m \phi_m dv = \sum_n a_n a_m E_m \delta_{nm} = \sum_n a_n^2 E_n \end{aligned}$$

となる。右辺の E_n を最小の E_0 で置き換え，また ψ に対する規格化の条件

$$\sum_n a_n^2 = 1$$

を用いると

$$E = \sum_n a_n^2 E_n \geqq E_0 \sum_n a_n^2 = E_0$$

となる。

ψ が規格化されていない場合では，式 (8.1)，式 (8.2) を

$$E = \frac{\int \psi^* \hat{H} \psi dv}{\int \psi^* \psi dv} \geqq E_0 \tag{8.3}$$

とすればよい。

8.2 摂 動 法

Schrödinger 方程式をいろいろな系に適用したとき，その解を直接に求めることはできないが，系への影響が小さいと考えられる項を省いた方程式では厳密な解が得られる場合がある。摂動法はこのような系に対して近似的につけ加えるべき補正項を計算するための方法である。例えば，$\hat{H}\psi = E\psi$ は解けるが $(\hat{H} + \hat{H}')\psi = E\psi$ は解けない，という場合に，$\hat{H}'$ による影響を別に計算しようというわけである。

解きたい波動方程式を

$$\hat{H}\psi = E\psi \tag{8.4}$$

とする。ハミルトニアン $\hat{H}$ が，摂動パラメータ λ を用いて

$$\hat{H} = \hat{H}^0 + \lambda \hat{H}' \tag{8.5}$$

と展開できるとする。摂動パラメータ λ は，$\lambda \leqq 1$ となる数字で，目印として導入しているだけのものである。展開した式中で，例えば，λ^2 を含む項があれ

ば，その項は補正項である $\hat{H}'$ や ψ' などを掛け合わせたものであることがわかる．また，λ の値を変えることで補正項の大きさを調整できる．

ここで

$$\hat{H}^0 \psi^0 = E^0 \psi^0 \tag{8.6}$$

は厳密に解けるとする．この式 (8.6) を満たすエネルギーと関数の組みは無限に存在する．

$$E_1^0, E_2^0, E_3^0, E_4^0, E_5^0, E_6^0, \cdots, E_l^0, \cdots$$

$$\psi_1^0, \psi_2^0, \psi_3^0, \psi_4^0, \psi_5^0, \psi_6^0, \cdots, \psi_l^0, \cdots$$

ψ_l^0 は規格直交系をなしている．すなわち，$\int_{-\infty}^{\infty} \psi_l^{0*} \psi_m^0 dv = \delta_{lm}$ を満たす．

この ψ^0 と E^0 を用いて，式 (8.4) を満たす波動関数とエネルギーは

$$\psi = \psi^0 + \lambda \psi' \tag{8.7}$$

$$E = E^0 + \lambda E' \tag{8.8}$$

と表される．したがって，この ψ' と E' を求めれば，ψ と E が求まる．式 (8.5)，式 (8.7)，式 (8.8) を式 (8.4) に代入すると

$$(\hat{H}^0 + \lambda \hat{H}')(\psi^0 + \lambda \psi') = (E^0 + \lambda E')(\psi^0 + \lambda \psi')$$

となる．これを展開すると

$$\hat{H}^0 \psi^0 + \lambda \hat{H}^0 \psi' + \lambda \hat{H}' \psi^0 + \lambda^2 \hat{H}' \psi' = E^0 \psi^0 + \lambda E^0 \psi' + \lambda E' \psi^0 + \lambda^2 E' \psi'$$

となる．これを λ，λ^2 でまとめると

$$(\hat{H}^0 \psi^0 - E^0 \psi^0) + \lambda(\hat{H}^0 \psi' + \hat{H}' \psi^0 - E^0 \psi' - E' \psi^0) + \lambda^2(\hat{H}' \psi' - E' \psi') = 0 \tag{8.9}$$

となる．摂動パラメータ λ は，前に述べたように，$\lambda \leqq 1$ であればどんな数字でもよいので，式 (8.9) は λ がどんな値をとっても成立しなければならない．

したがって

$$\hat{H}^0\psi^0 - E^0\psi^0 = 0 \tag{8.10}$$

$$\hat{H}^0\psi' + \hat{H}'\psi^0 - E^0\psi' - E'\psi^0 = 0 \tag{8.11}$$

$$\hat{H}'\psi' - E'\psi' = 0 \tag{8.12}$$

が成立することが必要である。式 (8.11) を移項すると

$$(\hat{H}^0 - E^0)\psi' = (E' - \hat{H}')\psi^0 = 0 \tag{8.13}$$

となる。この ψ' を $\hat{H}^0\psi_l^0 = E_l^0\psi_l^0$ を満たす関数系 ψ_l^0 で展開すると，$\psi' = \sum_l a_l \psi_l^0$ と書ける。これを式 (8.13) に代入すると

$$\sum_l a_l(\hat{H}^0 - E^0)\psi_l^0 = (E' - \hat{H}')\psi^0$$

となる。ここで，$\hat{H}^0\psi_l^0 = E_l^0\psi_l^0$ であるから

$$\sum_l a_l(E_l^0 - E^0)\psi_l^0 = (E' - \hat{H}')\psi^0 \tag{8.14}$$

となる。式 (8.14) の両辺に ψ^0 の共役複素関数 ψ^{0*} を掛けて積分すると

$$\sum_l a_l(E_l^0 - E^0)\int \psi^{0*}\psi_l^0 dv = \int \psi^{0*}(E' - \hat{H}')\psi^0 dv$$

となる。左辺を注意して見ると，$\psi_l^0 = \psi^0$ のとき $E_l^0 = E^0$ であり，さらに $\psi_l^0 \neq \psi^0$ のときは直交化条件により，$\int \psi^{0*}\psi_l^0 dv = 0$ であるため，左辺はつねに 0 である。したがって式 (8.14) は

$$\int \psi^{0*}(E' - \hat{H}')\psi^0 dv = 0$$

となる。そしてこれを変形すると

$$E'\int \psi^{0*}\psi^0 dv = \int \psi^{0*}\hat{H}'\psi^0 dv$$

8.2 摂動法

となり，ψ^0 は規格化された関数であるから

$$E' = \int \psi^{0*} \hat{H}' \psi^0 dv \tag{8.15}$$

が得られる。$E = E^0 + \lambda E'$ であるが，λ はこれまでの計算の都合上導入しただけのパラメータなので，λ を E' に含ませてしまって $E = E^0 + E'$ としてしまおう。そうすると，これである系のエネルギー E を既知のエネルギー E^0 とエネルギーの補正項 E' によって表せたことになる。

$$E = E^0 + \int \psi^{0*} \hat{H}' \psi^0 dv \tag{8.16}$$

つぎに，波動関数の補正項を求めよう。式 (8.14) の両辺に ψ_j^{0*} を掛けて積分すると

$$\sum_l a_l (E_l^0 - E) \int \psi_j^{0*} \psi_l^0 dv = \int \psi_j^{0*} (E' - \hat{H}') \psi^0 dv$$

となる。ここで，また左辺を注意して見ると，$\int \psi_j^{0*} \psi_l^0 dv$ は $l = j$ のとき 1，$l \neq j$ のとき 0 であるから，左辺は $l = j$ の場合の項だけになる。つまり左辺 $= a_j (E_j^0 - E^0)$ である。したがって

$$a_j (E_j^0 - E^0) = \int \psi_j^{0*} (E' - \hat{H}') \psi^0 dv = E' \int \psi_j^{0*} \psi^0 dv - \int \psi_j^{0*} \hat{H}' \psi^0 dv$$

となる。直交化条件から，$\int \psi_j^{0*} \psi^0 dv = 0$ であるため

$$a_j (E_j^0 - E^0) = -\int \psi_j^{0*} \hat{H}' \psi^0 dv$$

となる。したがって

$$a_j = \frac{-\int \psi_j^{0*} \hat{H}' \psi^0 dv}{E_j^0 - E^0}$$

となる。これを $\psi' = \sum_j a_j \psi_j^0$ に代入すれば

$$\psi' = -\sum_j \frac{\int \psi_j^{0*} \hat{H}' \psi^0 dv}{E_j^0 - E^0} \psi_j^0$$

が得られる。$\psi = \psi^0 + \lambda\psi'$ であるが，λ を ψ' に含ませてしまって $\psi = \psi^0 + \psi'$ としよう。

$$\begin{cases} \psi = \psi^0 - \displaystyle\sum_j \frac{\int \psi_j^{0*}\hat{H}'\psi^0 dv}{E_j^0 - E^0}\psi_j^0 \\ E = E^0 + \displaystyle\int \psi^{0*}\hat{H}'\psi^0 dv \end{cases}$$

となり，波動関数とエネルギーが ψ^0, E^0 と補正項によって表された。

8.2.1 段差のあるポテンシャル井戸

図 **8.1** のような，段差のあるポテンシャル井戸の中で運動する粒子を考えてみよう。$x \leqq 0$ の領域と $a \leqq x$ の領域ではポテンシャルエネルギー $V = \infty$，そして，$0 < x < a/2$ の領域では $V = 0$，さらに $a/2 \leqq x < a$ の領域では $V = V_0$ となっている系である。なかなか厄介そうな問題であるが，$V = V_0$ となっている $a/2 \leqq x < a$ の領域を取り除けば，4 章で学んだ一次元ポテンシャル井戸になる。そこで，これを普通のポテンシャル井戸の $a/2 \leqq x < a$ の領域に $V = V_0$ という摂動が加わっていると見て，摂動法で近似計算してみよう。$V_0 = 0$ としたときの粒子の波動関数とエネルギーを ψ_0, E_0 とする。もちろん，これらはすでに 4 章で求めていて

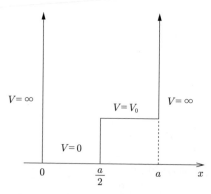

図 **8.1** 段差のある井戸型ポテンシャル

$$\psi_0 = \sqrt{\frac{2}{a}} \sin \frac{n\pi}{a} x, \; E_0 = \frac{n^2 \pi^2 \hbar^2}{2ma^2} \quad (n = 1, 2, 3, \cdots)$$

である.

この系のハミルトニアンは

$$\begin{cases} -\dfrac{\hbar^2}{2m}\dfrac{d^2}{dx^2} & \left(0 < x < \dfrac{a}{2}\right) \\ -\dfrac{\hbar^2}{2m}\dfrac{d^2}{dx^2} + V_0 & \left(\dfrac{a}{2} \leqq x < a\right) \end{cases}$$

ハミルトニアンの摂動項は $\hat{H}' = V_0$ であるから, エネルギーの摂動項は式 (8.15) から

$$\begin{aligned} E' &= \int \psi^{0*} \hat{H}' \psi^0 dv = \int \psi^{0*} V_0 \psi^0 dv \\ &= \int \left(\sqrt{\frac{2}{a}} \sin \frac{n\pi}{a} x\right) V_0 \left(\sqrt{\frac{2}{a}} \sin \frac{n\pi}{a} x\right) dx \\ &= \frac{2V_0}{a} \int \sin^2 \frac{n\pi}{a} x \, dx = \frac{2V_0}{a} \int_{\frac{a}{2}}^{a} \frac{1}{2}\left(1 - \cos \frac{2n\pi x}{a}\right) dx \\ &= \frac{V_0}{a} \left[x - \frac{a}{2n\pi} \sin \frac{2n\pi x}{a} \right]_{\frac{a}{2}}^{a} \\ &= \frac{V_0}{a}\left(a - 0 - \frac{a}{2} + 0\right) = \frac{V_0}{2} \end{aligned}$$

摂動が加わっているのは $a/2 \leqq x < a$ の領域であるから, E' を求めるための積分範囲は $a/2 \leqq x < a$ である. したがって, この系のエネルギーは

$$E = E_0 + E' = \frac{n^2 \pi^2 \hbar^2}{2ma^2} + \frac{V_0}{2}$$

と求められる.

8.2.2 ヘリウム原子

ヘリウム原子 (図 **8.2**) の波動関数とエネルギーを摂動法によって求めてみよう. ただし, ここで求まるのはあくまでも近似的な波動関数である. ヘリウム原子の電子の全エネルギーは

164   8. 多電子系の扱いと近似計算

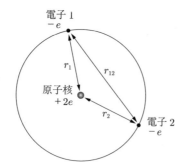

図 8.2 ヘリウム原子

$$E = \frac{1}{2}m_e v_1^2 + \frac{1}{2}m_e v_2^2 - \frac{1}{4\pi\varepsilon_0}\frac{2e^2}{r_1} - \frac{1}{4\pi\varepsilon_0}\frac{2e^2}{r_2} + \frac{1}{4\pi\varepsilon_0}\frac{e^2}{r_{12}}$$

である。したがって，Schrödinger 方程式は

$$\left[-\frac{\hbar^2}{2m_e}(\nabla_1^2 + \nabla_2^2) + \frac{e^2}{4\pi\varepsilon_0}\left(-\frac{2}{r_1} - \frac{2}{r_2} + \frac{1}{r_{12}}\right)\right]\psi = E\psi$$

となる。ここで，∇_1，∇_2 はそれぞれ，電子 1 の座標についての微分演算子と電子 2 の座標についての微分演算子である。この Schrödinger 方程式は，このままでは数学的に厳密な解を求めることはできない。しかし，このハミルトニアンから電子どうしの反発項を取り除いた方程式

$$\left[-\frac{\hbar^2}{2m_e}(\nabla_1^2 + \nabla_2^2) + \frac{e^2}{4\pi\varepsilon_0}\left(-\frac{2}{r_1} - \frac{2}{r_2}\right)\right]\psi = E\psi$$

は変数分離の方法を用いて解くことができる。以下で実際に解いてみよう。

この Schrödinger 方程式を満たす波動関数を，電子 1 の波動関数 $\phi(1)$ と電子 2 の波動関数 $\phi(2)$ を掛けたもので表す。

$$\psi = \phi(1)\phi(2)$$

∇_1 は $\phi(1)$ のみに作用し，∇_2 は $\phi(2)$ のみに作用するので

$$\left(-\frac{\hbar^2}{2m_e}\nabla_1^2 - \frac{e^2}{4\pi\varepsilon_0}\frac{2}{r_1}\right)\phi(1)\phi(2) + \left(-\frac{\hbar^2}{2m_e}\nabla_2^2 - \frac{e^2}{4\pi\varepsilon_0}\frac{2}{r_2}\right)\phi(1)\phi(2)$$
$$= E\phi(1)\phi(2)$$

この式の両辺を $\phi(1)\phi(2)$ で割れば

$$\frac{1}{\phi(1)}\left(-\frac{\hbar^2}{2m_e}\nabla_1^2 - \frac{e^2}{4\pi\varepsilon_0}\frac{2}{r_1}\right)\phi(1) + \frac{1}{\phi(2)}\left(-\frac{\hbar^2}{2m_e}\nabla_2^2 - \frac{e^2}{4\pi\varepsilon_0}\frac{2}{r_2}\right)\phi(2)$$
$$= E$$

となる。エネルギー E は電子1のエネルギー E_1 と電子2のエネルギー E_2 からなるので

$$E = E_1 + E_2$$

とすれば，上の Schrödinger 方程式は

$$\frac{1}{\phi(1)}\left(-\frac{\hbar^2}{2m_e}\nabla_1^2 - \frac{e^2}{4\pi\varepsilon_0}\frac{2}{r_1}\right)\phi(1) = E_1$$

$$\frac{1}{\phi(2)}\left(-\frac{\hbar^2}{2m_e}\nabla_2^2 - \frac{e^2}{4\pi\varepsilon_0}\frac{2}{r_2}\right)\phi(2) = E_2$$

と二つの方程式に分けられる。それぞれの方程式は水素原子の Schrödinger 方程式とほぼ同じである。核電荷が Z で1個の電子を持つ水素様原子の1s軌道の波動関数は

$$\psi = \frac{1}{\sqrt{\pi}}\left(\frac{Z}{a_0}\right)^{\frac{3}{2}} e^{-\rho/2}$$

で与えられるので，ヘリウムの1s軌道の波動関数は

$$\phi(1) = \frac{1}{\sqrt{\pi}}\left(\frac{2}{a_0}\right)^{\frac{3}{2}} e^{-\rho_1/2}$$

$$\phi(2) = \frac{1}{\sqrt{\pi}}\left(\frac{2}{a_0}\right)^{\frac{3}{2}} e^{-\rho_2/2}$$

である。$\phi(1)$ と $\phi(2)$ は，電子の位置座標が異なるだけである。また，エネルギーは水素原子の1s軌道のエネルギーの Z^2 倍になる（$E = Z^2 E_{1s}$）から

$$E_1 = E_2 = 4E_{1s}$$

したがって，電子どうしの反発項を取り除いた Schrödinger 方程式の解は

$$\psi^0 = \phi(1)\phi(2) = \frac{1}{\pi}\left(\frac{2}{a_0}\right)^3 e^{-(\rho_1+\rho_2)/2}$$

8. 多電子系の扱いと近似計算

$$E^0 = E_1 + E_2 = 8E_{1s}$$

摂動によって生じるエネルギーの変化は $E' = \int \psi^{0*} \hat{H}' \psi^0 dv$ であるから

$$E' = \int \psi^{0*} \hat{H}' \psi^0 dv = \iint \psi^{0*} \frac{e^2}{r_{12}} \psi^0 dv_1 dv_2$$

ここで積分が二重積分になってしまうのは，波動関数 $\psi = \phi(1)\phi(2)$ が電子1と電子2を含むため，それぞれの座標について積分しなければならないからである。dv_1, dv_2 を極座標に変換し，積分を実行すると

$$E' = -\frac{5}{2}E_{1s}$$

が得られる。したがって，ヘリウム原子のエネルギーの摂動法による近似値は

$$E = E^0 + E' = 8E_{1s} - \frac{5}{2}E_{1s} = \frac{11}{2}E_{1s}$$

と求められる。しかし，この値と実測値との一致はあまりよくない。ヘリウム原子を扱うのに，単純な摂動法（一次の摂動法）だけでは不十分なのである。

8.3　より高度な近似法

　n 個の電子からなる原子を考えよう。n 個の電子があれば，それぞれがほかの電子と反発するので，多くの反発エネルギー項をハミルトニアンに入れなければならない。もちろん，そのような Schrödinger 方程式は数学的に厳密に解くことはできない。そこで，**一電子近似**という方法を用いる。まず，n 個の電子のうち一つに注目する。そしてほかの電子は波動関数の2乗で与えられる密度で原子全体に広がっていると考える（図 8.3）。つまり，空間中の各点にまったく隙間なく，$(-e)|\psi_i|^2$ の大きさの電荷が静止した状態で置かれているとし，その中を注目している電子が運動すると考える。注目している電子以外の電子は，電荷だけを空間中に $|\psi|^2$ の密度でぶちまけて残して実体をなくしているので，衝突することもないとする。そうすれば，いま注目している電子が運動し

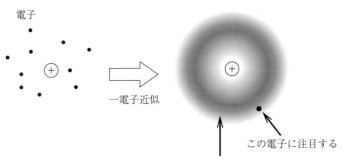

図 8.3　一電子近似

ている間にほかの 1 個の電子の平均的な電場から受ける反発のエネルギーは，連続的な各点に置かれた電荷からの反発を単純に足し合わせればよいので，単純な積分で計算することができる。

$$E_i = \frac{1}{4\pi\varepsilon_0}\frac{\int (-e)|\psi_i|^2 dv \cdot (-e)}{r_i}$$

これを用いれば，時々刻々と複雑に変化する電子間の距離を気にすることなく反発エネルギーを計算することができる。ただし，計算にはそれぞれの電子の波動関数が必要である。そして，ハミルトニアンを水素原子様のハミルトニアン $\hat{h}$ と反発エネルギーについてのハミルトニアン $\hat{g}_{ij}$ とに分ける。

$$\hat{H} = \sum_i^n \hat{h}_i + \sum_j^n \hat{g}_{ij}$$

そして，$\hat{H}$ の期待値が最小になるように変分法を適用すると，つぎの連立方程式が得られる。

$$\left[\hat{h}_i + \sum_k \int \hat{g}_{ij}|\psi_k|^2 dv\right]\psi_i - \sum_k \left[\int \hat{g}_{ij}\psi_k^*\psi_i dv\right]\psi_k \\ = E_i\psi_i \quad (i=1,2,3\cdots)$$

これを Hartree-Fock 方程式という。この方程式を解いて ψ_i を求めるのだが，ハミルトニアンの中にも ψ があるので，あらかじめ適当な ψ を代入しておかなければならない。最初に代入する関数を**試行関数**と呼ぶ。そして，方程式を解いて ψ_1 を求める。求まった ψ_1 は最初に代入した ψ とは異なっている。その ψ_1 をハミルトニアンに代入して，もう一度方程式を解く。すると，ψ_1 とは異なる波動関数 ψ_2 が求まる。そしてその ψ_2 をまたハミルトニアンに代入して方程式を解き，ψ_3 を求める。この作業を進めていくと，試行関数が適切であるなら，だんだんとハミルトニアンに代入した波動関数と方程式を解いて得られる関数とが似たものになっていく。そして，この作業を，ハミルトニアンに代入した波動関数と，方程式を解いて得られる波動関数がほとんど同じものに収束するまで繰り返す。このやり方を，**SCF 法**（self-consistent-field method）という。日本語では「つじつまの合う場の方法」あるいは「自己無撞着場法」と訳されている。波動関数が収束するまでには膨大な演算が必要で，実際の原子や分子を扱うにはコンピュータで計算しないと話にならない。さて，最初に代入する試行関数はどんなものを使ったらいいのだろうか。最も単純な原子である水素原子の軌道関数を使うことがまず考えられるが，じつは演算は厄介である。水素原子は最も単純な原子であっても，その軌道関数は単純とはいいがたい。これはコンピュータの性能やアルゴリズムにもよる話になるが，なるべく速く結果を得たいので，もっと簡単な関数を試行関数として使いたい。時代が進んでコンピュータが発達しても，スマートに結果を得る方法はそう変わらないだろう。水素の軌道関数に近い形をしていて，やや単純といえるものにスレーター型原子関数がある。7 章で扱ったスレーター行列式とは違うので混同しないよう注意してもらいたい。

$$S_{nlm}(r,\theta,\phi) = \frac{(2\xi)^{\frac{n+1}{2}}}{[(2n)!]^{\frac{1}{2}}} r^{n-1} e^{-\xi r} Y_l^m(\theta,\phi)$$

ξ は核電荷に関連した数値で，$Y_l^m(\theta,\phi)$ は水素原子軌道の角度関数部分である。スレーター型原子関数は，原点から指数関数的に減衰する関数である（図 **8.4**）。水素の s 軌道と比べると，節（$\psi = 0$ の点）がないこと以外はよく似て

8.3 より高度な近似法　　**169**

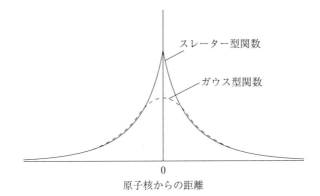

図 8.4　スレーター型関数とガウス型関数

いる。スレーター型原子関数を使った計算はかなり行われてきたが，永年行列式に現れる積分を計算するのが困難なので，現在は直接は用いられていない。ただ，スレーター型原子関数の形は試行関数として非常に優れたものであるので，コンピュータ演算が簡単なガウス型関数を組み合わせてスレーター原子関数を近似し，それを試行関数として用いる。

$$S_{nlm}(r,\theta,\phi) = \sum_{i}^{n} [c_i G_{nlm}(r,\theta,\phi)]_i$$

$$G_{nlm}(r,\theta,\phi) = N_n r^{n-1} e^{-\alpha r^2} Y_l^m(\theta,\phi)$$

スレーター原子関数をいくつかのガウス型関数によって近似したSTO-nG (Slater Type Orbital-n Gaussians) などが用いられる。足し合わされるガウス関数が多いほど精度は高くなる。STO-3Gという場合，三つのガウス型関数で一つのスレーター型関数を近似している。

分子軌道を簡単な近似法を使って紙とエンピツで求め，その軌道を各原子軌道をスレーター型関数で描いたものの重ね合せで表してみると，分子についていろいろと理解する上で非常に有用である。

章 末 問 題

問題 8.1 変分原理を証明せよ。

問題 8.2 摂動法とはどのような近似法か説明せよ。

問題 8.3 つぎのような系内を運動する物体のエネルギーを一次までの摂動法で求めよ。

摂動エネルギーは $E' = \int \psi^{0*} \hat{H}' \psi^0 d\tau$ で与えられる。Ψ^0 は，摂動がない場合の波動関数である。また，積分は全座標範囲での積分である（図 8.5）。

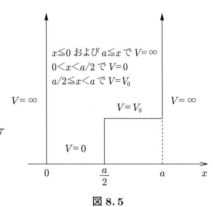

図 8.5

問題 8.4 SCF 法を簡単に説明せよ。

問題 8.5 スレーター型関数とガウス型関数の違いを図で示せ。

9章
化学結合の基本

化学結合（分子軌道）の量子力学的取扱いの方針自体は単純であって，けっして難しいものではない。Schrödinger 方程式による電子の運動の取扱いは

① 電子の全エネルギーの式を書く（$E = (1/2)m_e v^2 + V = p^2/2m_e + V$）
② 与えられている条件から電子のポテンシャルエネルギー V を古典力学で求める
③ ここまでに得られたエネルギーを表す式中のすべての運動量 p を $\hbar/i\nabla$ で置き換える
④ 得られたハミルトニアンに波動関数 ψ を作用させて，Schrödinger 方程式を得る
⑤ 条件をよく考えて方程式を解き，ψ とエネルギーを求める

という手順で進められる。どんな場合でも，やることはこれだけである。ただし，水素原子以外の原子や分子では，複数個存在する電子どうしの相互作用を考えなくてはならないため，ポテンシャルエネルギー項に多くの電子間反発エネルギーが入る。そのため Schrödinger 方程式の厳密な解を得ることはできない（**多体問題**）。

9.1 二原子分子の化学結合

二つの軌道が重なり合うと化学結合ができる（**図 9.1**）。これは，二つの原子が近づいたときに，二つの電子がそれぞれの原子核の周りだけを回っているよりも，両方の原子核の周りを回ったほうがエネルギーが低くなるからである。この化学結合した軌道（**分子軌道**）の波動関数を厳密に求めることはできない。そこで，近似的な解を探す。まず，この分子軌道をもとの原子（構成原子）の

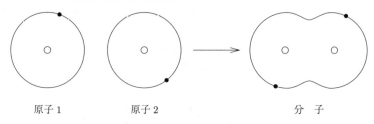

図 9.1 原子軌道と分子軌道

原子軌道 ϕ_1 と ϕ_2 の足し合せで作ってみる。

$$\psi = c_1\phi_1 + c_2\phi_2 \tag{9.1}$$

ここで，c_1，c_2 は任意の定数（数字）である。周期律表にあるすべての原子の原子軌道関数は既知であるので，その原子軌道関数を利用してあらゆる分子軌道を書き表すことができる。このようなやり方を LCAO（Linear Combination of Atomic Orbital）法と呼ぶ。式 (9.1) の分子軌道は Schrödinger 方程式の厳密な解にはならないが，定数 c_1 と c_2 を適切に選んで Schrödinger 方程式の解に近づけることができる。「適切に選ぶ」とは，式 (9.1) の分子軌道が最も低いエネルギーになるようにすることである（**変分原理**）。式 (9.1) が最も低いエネルギーを与えるときの定数 c_1 と c_2 を求める。つまり，式 (9.1) を Schrödinger 方程式に代入して得られるエネルギー E が最小値になるように c_1，c_2 の値を決める。それにはエネルギーを c_1 と c_2 で偏微分して極小値をとるときの c_1 と c_2 を求めればよい。Schrödinger 方程式の厳密解を数学的に得ることは不可能なので，このように「近似解を最適化する」という問題にすりかえるのである。二つの原子軌道から二つの分子軌道ができる（**図 9.2**）。二つの分子軌道のうち，一つはエネルギーがもとの原子軌道のエネルギーよりも小さい**結合性軌道**で，もう一つはもとの原子軌道よりもエネルギーが大きくなった**反結合性軌道**である。電子が結合性軌道に入ると，電子は 2 個の原子核の間に存在する確率が高くなるため，原子核どうしのクーロン反発力を打ち消す働きをする。そのため，二つの原子は結びつくことになる。電子が反結合性軌道に入ったときには，逆に電子は二つの原子核の間に存在する確率が低くなる。したがって，分子は原

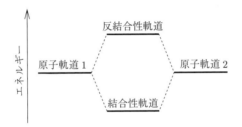

図 9.2 結合性軌道と反結合性軌道

子核どうしの反発によって分解することになる。

9.2 水素分子イオンの分子軌道

2原子分子の中では最も単純な水素分子イオン H_2^+ の分子軌道を考える（図9.3）。水素分子イオンは，1個の電子が2個の原子核の周りを回っているもので，水素放電管の中に実際に存在する。

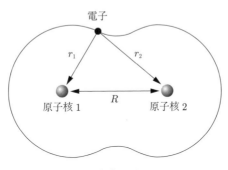

図 9.3 水素分子イオン

水素分子イオンの分子軌道が満たすべき Schrödinger 方程式を書くと

$$\left(-\frac{\hbar^2}{2m_e}\nabla^2 - \frac{e^2}{4\pi\varepsilon_0 r_1} - \frac{e^2}{4\pi\varepsilon_0 r_2} + \frac{e^2}{4\pi\varepsilon_0 R} \right)\psi = E\psi$$

となる。このハミルトン演算子は，運動エネルギー＋原子核1と電子とのクーロン引力によるポテンシャルエネルギー＋原子核2と電子とのクーロン引力によるポテンシャルエネルギー＋原子核どうしのクーロン斥力によるポテンシャル

9. 化学結合の基本

エネルギーからできている。ここで，R が一定の値であれば（つまり原子核が動かなければ）この Schrödinger 方程式は厳密に解くことができる。しかし，この Schrödinger 方程式を解くことは煩雑な計算を要する。また，水素分子イオン以外の分子では，原子間距離がすべて一定の値であったとしても Schrödinger 方程式を厳密に解くことはできない。原子核間の距離を一定とおいて計算するやりかたを，**Born–Oppenheimer 近似**という。ここでは水素分子イオンの分子軌道の近似解を LCAO 法によって求めよう。水素分子イオンの波動方程式をそれぞれの水素原子の波動関数の足し合せで作る。

$$\psi = c_1\phi_1 + c_2\phi_2 \tag{9.2}$$

Schrödinger 方程式は

$$\hat{H}\psi = E\psi \tag{9.3}$$

である。式 (9.2) 中の c_1, c_2 を最適化して式 (9.3) の E が極小値をとるようにすればよい。この計算を行うには，式 (9.3) をエネルギーについての式にすれば考えやすい。式 (9.3) の両辺に ψ の共役複素関数 ψ^* を掛けて積分する。

$$\int \psi^*\hat{H}\psi dv = \int \psi^* E\psi dv = E\int \psi^*\psi dv \tag{9.4}$$

ここで，積分は全空間座標での積分である。

$$\left(\int \psi^*\hat{H}\psi dv = \int_{-\infty}^{\infty}\int_{-\infty}^{\infty}\int_{-\infty}^{\infty} \psi^*\hat{H}\psi dxdydz\right)$$

式 (9.4) の両辺を $\int \psi^*\psi dv$ で割ってエネルギーの式にする。

$$\frac{\int \psi^*\hat{H}\psi dv}{\int \psi^*\psi dv} = E \tag{9.5}$$

この式に $\psi = c_1\phi_1 + c_2\phi_2$ を代入する。

$$\frac{\int (c_1^2\phi_1^*\hat{H}\phi_1 + 2c_1c_2\phi_1^*\hat{H}\phi_2 + c_2^2\phi_2^*\hat{H}\phi_2)dv}{\int (c_1^2\phi_1^2 + 2c_1c_2\phi_1^*\phi_2 + c_2^2\phi_2^2)dv} = E \tag{9.6}$$

9.2 水素分子イオンの分子軌道

式 (9.6) はエネルギーが c_1, c_2 の関数として表されている。

ここで,$\int \phi_1^2 dv = \int \phi_2^2 dv = 1$(もとの水素原子の波動関数 ϕ は規格化されている。)

$$\int \phi_1^* \hat{H} \phi_1 dv = \int \phi_2^* \hat{H} \phi_2 dv = H \quad (\text{クーロン積分})$$

$$\int \phi_1^* \hat{H} \phi_2 dv = \int \phi_2^* \hat{H} \phi_1 dv = H_{12} \quad (\text{交換積分})$$

$$\int \phi_1^* \phi_2 dv = \int \phi_2^* \phi_1 dv = S \quad (\text{重なり積分})$$

とおく。クーロン積分は電子が原子 1 または原子 2 上に局在化したときのエネルギーに相当し,重なり積分は二つの軌道が重なった部分の体積に相当する。交換積分は古典力学的に説明しにくい,量子力学独特のものといえる。これらの積分を実際に計算すると,クーロン積分と交換積分は負の値,重なり積分は正の値になる。すると,式 (9.6) は

$$\frac{c_1^2 H + 2c_1 c_2 H_{12} + c_2^2 H}{c_1^2 + 2c_1 c_2 S + c_2^2} = E \tag{9.7}$$

となり,だいぶ見やすくなる。この式を c_1, c_2 で偏微分して E の極小値を求めればよいが,分数のままだと微分する気にならないので,変形して微分しやすくする。

$$(c_1^2 + 2c_1 c_2 S + c_2^2)E = c_1^2 H + 2c_1 c_2 H_{12} + c_2^2 H \tag{9.8}$$

まず,式 (9.8) の両辺を c_1 で偏微分する。

$$(2c_1 + 2c_2 S)E + (c_1^2 + 2c_1 c_2 S + c_2^2)\frac{\partial E}{\partial c_1} = 2c_1 H + 2c_2 H_{12}$$

ここで,$\partial E/\partial c_1 = 0$ であるから

$$E(c_1 + c_2 S) = c_1 H + c_2 H_{12} \tag{9.9}$$

が得られる。c_1, c_2 でまとめると

$$c_1(H - E) + c_2(H_{12} - SE) = 0 \tag{9.10}$$

となる。同様にして、式(9.8)を c_2 で偏微分すると

$$c_1(H_{12} - SE) + c_2(H - E) = 0 \tag{9.11}$$

が得られる。式(9.10)、式(9.11)という c_1, c_2 の連立方程式が得られる。しかし、ここで未知数は c_1, c_2 と E の三つであるのに対して方程式は二つだけなので解は求まらない。この連立方程式を行列を使って書いてみる。

$$\begin{pmatrix} H - E & H_{12} - SE \\ H_{12} - SE & H - E \end{pmatrix} \begin{pmatrix} c_1 \\ c_2 \end{pmatrix} = 0 \tag{9.12}$$

この連立方程式を満たす解として、$c_1 = c_2 = 0$ というのもあり得る。しかし、$c_1 = c_2 = 0$ の場合では $\psi = 0$ となってしまい、これは電子が存在しないことになってしまう。これは物理的に意味がないので、$c_1 = c_2 = 0$ 以外の解を求めなければならない。式(9.12)が $c_1 = c_2 = 0$ 以外の解を持つためには行列式

$$\begin{vmatrix} H - E & H_{12} - SE \\ H_{12} - SE & H - E \end{vmatrix} = 0 \tag{9.13}$$

であることが必要である。もし、この行列式が 0 でない場合には、式(9.12)の行列に逆行列が存在し、式(9.12)の両辺に左からこの逆行列を掛ければ

$$\begin{pmatrix} c_1 \\ c_2 \end{pmatrix} = \begin{pmatrix} H - E & H_{12} - SE \\ H_{12} - SE & H - E \end{pmatrix}^{-1} 0 = \begin{pmatrix} 0 \\ 0 \end{pmatrix}$$

となり、$c_1 = c_2 = 0$ になってしまう。

式(9.13)を展開すると

$$(H - E)^2 - (H_{12} - SE)^2 = 0$$

である。これは

$$(H - E + H_{12} - SE)(H - E - H_{12} + SE) = 0$$

と因数分解できる。したがって、$H - E + H_{12} - SE = 0$ または $H - E - H_{12} + SE = 0$ である。

9.2 水素分子イオンの分子軌道

これらの式からエネルギーを求めると

$$E_1 = \frac{H + H_{12}}{1 + S} \tag{9.14}$$

$$E_2 = \frac{H - H_{12}}{1 - S} \tag{9.15}$$

と，エネルギーの値が二つ求まる．これらのエネルギー E_1 と E_2 をそれぞれ式 (9.10)，式 (9.11) に戻して c_1 と c_2 を求める．まず，E_1 を式 (9.10) に代入すると

$$c_1\left(\frac{(1+S)H - H - H_{12}}{1+S}\right) + c_2\left(\frac{(1+S)H_{12} - S(H+H_{12})}{1+S}\right) = 0$$

となる．したがって

$$c_1(SH - H_{12}) - c_2(SH - H_{12}) = 0$$

$$\therefore \quad c_1 = c_2$$

このとき，分子軌道関数 ψ は

$$\psi_1 = c_1(\phi_1 + \phi_2) \tag{9.16}$$

となる．そして，E_2 を式 (9.10) に代入すると

$$c_1 = -c_2$$

$$\psi_2 = c_1(\phi_1 - \phi_2) \tag{9.17}$$

が得られる．これらの ψ_1, ψ_2 をそれぞれ規格化すれば c_1 の値が求まる．まず式 (9.16) を規格化すれば

$$\begin{aligned}\int \psi^2 dv &= \int c_1^2(\phi_1 + \phi_2)^2 dv \\ &= c_1^2\left(\int \phi_1^2 dv + 2\int \phi_1\phi_2 dv + \int \phi_2^2 dv\right) \\ &= c_1^2(1 + 2S + 1) = 1\end{aligned}$$

より

$$c_1 = \frac{1}{\sqrt{2 + 2S}}$$

となる．したがって，$E_1 = (H + H_{12})/(1 + S)$ というエネルギーの軌道は

$$\psi_1 = \frac{1}{\sqrt{2 + 2S}}(\phi_1 + \phi_2)$$

と求められる．同様に式 (9.17) を規格化すれば

$$c_1 = \frac{1}{\sqrt{2 - 2S}}$$

が得られ，$E_2 = (H - H_{12})/(1 - S)$ というエネルギーの軌道は

$$\psi_2 = \frac{1}{\sqrt{2 - 2S}}(\phi_1 - \phi_2)$$

と求められる．以上より，水素分子イオンの分子軌道とそのエネルギーは，水素原子の波動関数を用いて

$$\psi_1 = \frac{1}{\sqrt{2 + 2S}}(\phi_1 + \phi_2), \quad E_1 = \frac{H + H_{12}}{1 + S} \tag{9.18}$$

$$\psi_2 = \frac{1}{\sqrt{2 - 2S}}(\phi_1 - \phi_2), \quad E_2 = \frac{H - H_{12}}{1 - S} \tag{9.19}$$

と求められた．ここで，H_{12}（交換積分）は負の値，S（重なり積分）は正の値であるから $E_1 < E_2$ である．したがって，ψ_1 は結合性軌道，ψ_2 は反結合性軌道である．H_{12}，S，H は波動関数から積分計算を行って求めなければならない．

原子軌道の足し合せで分子軌道ができる様子を 1s 軌道関数の値のプロットで示したものが**図 9.4** である．結合性軌道はすべての領域で波動関数の値が正であるが，反結合性軌道では，波動関数の値が正の領域と負の領域がある．そして反結合性軌道では，二つの原子核の中間の面上で，波動関数の値が 0 になっている．この面のことを節面という．結合性軌道では，二つの原子核の間でも電子を見出す確率が大きく，電子は原子核の間に存在する確率が高い．そのため，原子核間の反発力を電子の負電荷が打ち消し，さらに両原子核を結合中央に向かって引き付ける力を及ぼしている．それに対して反結合性軌道では，結合の中間に節面が存在するばかりか，両原子核の外側に電子が見出される確率が高く，電子は原子核を外側に引っ張る力を及ぼしている．

9.2 水素分子イオンの分子軌道　179

図 9.5 には，波動関数の 2 乗（電子が見出される確率）を xyz 三次元で計算し，値が同じ部分を結んだものを三次元的にプロットしてある。これが結合性軌道と反結合性軌道の電子雲の形である。また，水素分子イオンのエネルギーを，原子核の間の距離 R を変化させながら計算した結果を**図 9.6** に示す。結合

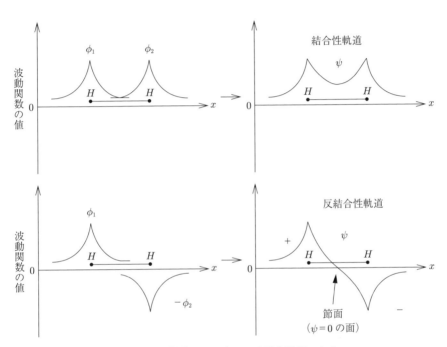

図 9.4　原子軌道の足し合せで分子軌道ができる

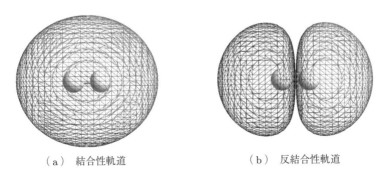

（a）結合性軌道　　　　　　（b）反結合性軌道

図 9.5　H_2^+ の分子軌道関数の 2 乗の三次元プロット

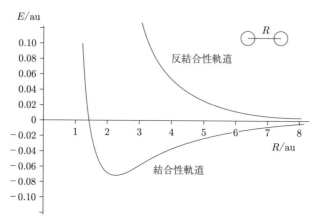

図 9.6 2原子分子のエネルギーを原子核間の距離 R を変化させながら計算したもの

性軌道では，原子核間の距離が縮まるにつれてエネルギーの値が低くなり，あるところで極小値をとっている．この極小値での R が結合距離である．極小値からさらに R の値が縮まると，エネルギーは急激に増大する．これは，原子核間のクーロン反発エネルギーが大きくなるためである．結合距離は，原子核間の反発エネルギー（R が小さくなるほど正に大きくなる）と結合性軌道による安定化（R が小さくなるほど負に大きくなる）との兼ね合いで決まっている．しかし，反結合性軌道では，あらゆる距離でエネルギーは正の値となり，また原子核間距離 R が縮まるにつれてエネルギーは単調に増大する．したがって，反結合性軌道では，二つの原子は遠くに離れたほうがエネルギー的に安定であり，結合を生成しない．図 9.6 の結合性軌道のエネルギーのプロット（分子内ポテンシャルエネルギー曲線）は，モースポテンシャル（Morse potential）によって近似される．

$$V(l) = D\left(1 - e^{-\beta(l-l_0)}\right)^2$$

D と β は分子の種類に依存したパラメータである．2原子分子について，このモースポテンシャルは非常によい近似である．

9.2 水素分子イオンの分子軌道

■ σ結合とπ結合

共有結合は，原子軌道が重なって生じるものであるが，原子軌道関数の値が正のものどうしが重なれば結合性軌道が生じ，正のものと負のものとが重なれば波動関数の値が0になる部分が現れるので，反結合性軌道となる。本来，波動関数はその2乗の値だけが意味を持つものであるが，化学結合を考える場合では，その値の正負（または位相）が問題となるのである。軌道の重なり方には決まったパターンがある（図9.7）。その一つはσ（シグマ）結合と呼ばれるものであり，s軌道どうしや，s軌道とp軌道，あるいはp軌道が一直線上で重なる場合などに形成される結合である。結合軸上から見て，電子の分布が対称的（symmetric）になるため，"s"に相当するギリシャ文字のσの名前が付けられている。もう一つはπ結合と呼ばれるもので，二つのp軌道がローブが

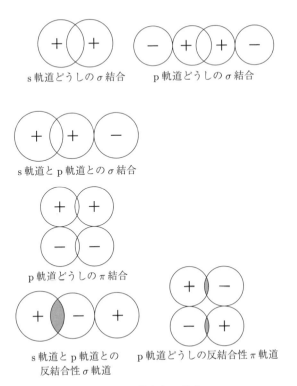

図 9.7　σ結合とπ結合

張り出す方向と垂直方向に近づいて重なる場合に形成されるものである。π結合は，軌道の重なり（重なり積分）が σ 軌道に比べて小さいので，結合エネルギーは小さい。

章 末 問 題

問題 9.1 以下の問に簡潔に答えよ。
（1） Schrödinger 方程式の立て方を簡単に述べよ。
（2） 共役系の長い分子と短い分子とではどちらの π 電子のエネルギーが安定か。
（3） 分子や原子が，決まった波長の光しか吸収しないのはなぜか。
（4） 節面とはなにか。
（5） 化学結合はなぜ生じるか。
（6） 反結合性軌道とはなにか。
（7） 光を吸収して励起状態になった分子が不安定になるのはなぜか。
（8） クーロン積分とはなにか。
（9） 交換積分とはなにか。
（10） 重なり積分とはなにか。

問題 9.2 水素分子イオンの分子軌道を，水素の原子軌道 ϕ を用いて求めよ。

問題 9.3 π 結合は一般に σ 結合よりも弱いのはなぜか。

問題 9.4 He_2 は安定に存在しないことを説明せよ。

10章 分子軌道法

　一般の分子について，その分子軌道を求める。多くの電子を扱うことになるので，近似計算が必要である。分子軌道計算にはさまざまな方法があるが，ここでは特に Hückel 法を学ぶ。一つの分子軌道にはスピンを対にした二つの電子が入ることができるが，スピンまで考慮すると Slater 行列式を用いなければならなくなり，取扱いがたいへんになるので，まずはスピンは無視する。そして，それぞれの電子一つ一つに軌道を割り当てていく。

10.1　変分法による分子軌道計算

　n 個の原子から構成される分子の軌道を求めよう。複数個の電子を持つ分子では，Schrödinger 方程式を解いて厳密な波動関数を得ることはできない。そこで，構成原子の波動関数 ϕ を用いて分子軌道を $\psi = \sum_{i}^{n} c_i \phi_i$ とし（LCAO 法），その係数 c_i を変分法によって求める。まず，3 個の原子からなる分子を考えてみよう。

$$\psi = c_1\phi_1 + c_2\phi_2 + c_3\phi_3$$

$$E = \frac{\int \psi^* \hat{H} \psi dv}{\int \psi^* \psi dv}$$

エネルギーの式を変形して

$$\int \psi^* \psi dv E = \int \psi^* \hat{H} \psi dv$$

この式の両辺を c_i で偏微分する。

10. 分子軌道法

$$\frac{\partial}{\partial c_i}\int \psi^*\psi dv E + \int \psi^*\psi dv \frac{\partial E}{\partial c_i} = \frac{\partial}{\partial c_i}\int \psi^*\hat{H}\psi dv$$

ここで，$\partial E/\partial c_i = 0$ とすると

$$\frac{\partial}{\partial c_i}\int \psi^*\psi dv E = \frac{\partial}{\partial c_i}\int \psi^*\hat{H}\psi dv$$

これに，$\psi = c_1\phi_1 + c_2\phi_2 + c_3\phi_3$ を代入して計算を行うと

$$\begin{cases} (H_{11} - E)c_1 + (H_{12} - S_{12}E)c_2 + (H_{13} - S_{13}E)c_3 = 0 \\ (H_{21} - S_{21}E)c_1 + (H_{22} - E)c_2 + (H_{23} - S_{23}E)c_3 = 0 \\ (H_{31} - S_{31}E)c_1 + (H_{32} - S_{32}E)c_2 + (H_{33} - E)c_3 = 0 \end{cases}$$

という連立方程式が得られる。ここで，$\int \phi_r^* \hat{H} \phi_s dv = H_{rs}$，$\int \phi_r^* \phi_s dv = S_{rs}$ である。この連立方程式を解いて c_1, c_2, c_3 を求めればよいのだが，エネルギー固有値 E も未知数であるため，このままでは，この連立方程式は解くことができない。なにか条件を考える必要がある。連立方程式を行列を使って表すと

$$\begin{pmatrix} H_{11} - E & H_{12} - S_{12}E & H_{13} - S_{13}E \\ H_{21} - S_{21}E & H_{22} - E & H_{23} - S_{23}E \\ H_{31} - S_{31}E & H_{32} - S_{32}E & H_{33} - E \end{pmatrix} \begin{pmatrix} c_1 \\ c_2 \\ c_3 \end{pmatrix} = \begin{pmatrix} 0 \\ 0 \\ 0 \end{pmatrix}$$

となる。この連立方程式が $c_1 = c_2 = c_3 = 0$ 以外の解を持つためには，この行列が逆行列を持たないことが必要である。もしこの行列に逆行列が存在すると，その逆行列を方程式の両辺に左から掛け算すると

$$\begin{pmatrix} H_{11} - E & H_{12} - S_{12}E & H_{13} - S_{13}E \\ H_{21} - S_{21}E & H_{22} - E & H_{23} - S_{23}E \\ H_{31} - S_{31}E & H_{32} - S_{32}E & H_{33} - E \end{pmatrix}^{-1}$$

$$\times \begin{pmatrix} H_{11} - E & H_{12} - S_{12}E & H_{13} - S_{13}E \\ H_{21} - S_{21}E & H_{22} - E & H_{23} - S_{23}E \\ H_{31} - S_{31}E & H_{32} - S_{32}E & H_{33} - E \end{pmatrix}$$

10.1 変分法による分子軌道計算

は単位行列になってしまうので

$$\begin{pmatrix} c_1 \\ c_2 \\ c_3 \end{pmatrix} = \begin{pmatrix} 0 \\ 0 \\ 0 \end{pmatrix}$$

となり，不都合である。したがって，$c_1 = c_2 = c_3 = 0$ 以外の解を持つための条件として，逆行列を持たないことが必要である。そのためには，この行列の行列式が 0 であればよい。

$$\begin{vmatrix} H_{11} - E & H_{12} - S_{12}E & H_{13} - S_{13}E \\ H_{21} - S_{21}E & H_{22} - E & H_{23} - S_{23}E \\ H_{31} - S_{31}E & H_{32} - S_{32}E & H_{33} - E \end{vmatrix} = 0$$

この方程式（行列式）のことを**永年方程式**（secular equation）または**永年行列式**と呼ぶ。なぜ「永年」方程式と呼ばれるかというと，この方程式が，天文学で複数の質量が相互作用しながら永遠に安定に運動する解を求めるときに使われていた方程式と同じものだからである。左上から右下への対角線上に $H_{rr} - E$ が並び，それ以外の項は $H_{rs} - S_{rs}E$ となっている。この行列式を展開すると，E についての三次方程式が得られる。H_{rs} や S_{rs} は積分計算から値が求まるので，この方程式中の未知数は E だけである。したがって，永年方程式を解けばエネルギー固有値が求まる。三次方程式であるから，3 個のエネルギー固有値 E_1, E_2, E_3 が求まる。これらのエネルギー固有値 E_1, E_2, E_3 を順次連立方程式に代入して方程式を解けば，c_1, c_2, c_3 が求まる。c_1, c_2, c_3 が求まれば，分子軌道関数が求まったことになる。以上のことは，n 個の原子からなる分子についても同様に成り立つ。n 原子分子では，そのエネルギーの極小値を得るための連立方程式は

10. 分子軌道法

$$\begin{cases} (H_{11} - E)c_1 + (H_{12} - S_{12}E)c_2 + (H_{13} - S_{13}E)c_3 + \cdots \\ \quad + (H_{1n} - S_{1n}E)c_n = 0 \\ (H_{21} - S_{21}E)c_1 + (H_{22} - E)c_2 + (H_{23} - S_{23}E)c_3 + \cdots \\ \quad + (H_{2n} - S_{2n}E)c_n = 0 \\ (H_{31} - S_{31}E)c_1 + (H_{32} - S_{32}E)c_2 + (H_{33} - E)c_3 + \cdots \\ \quad + (H_{3n} - S_{3n}E)c_n = 0 \\ \qquad \vdots \\ (H_{n1} - S_{n1}E)c_1 + (H_{n2} - S_{n2}E)c_2 + (H_{n3} - E)c_3 + \cdots \\ \quad + (H_{nn} - E)c_n = 0 \end{cases}$$

となる。そして，永年方程式は，必ず n 行 n 列の正方行列式になる。

$$\begin{vmatrix} H_{11} - E & H_{12} - S_{12}E & H_{13} - S_{13}E & \cdots & H_{1n} - S_{1n}E \\ H_{21} - S_{21}E & H_{22} - E & H_{23} - S_{23}E & \cdots & H_{2n} - S_{2n}E \\ H_{31} - S_{31}E & H_{32} - S_{32}E & H_{33} - E & \cdots & H_{3n} - S_{3n}E \\ \vdots & \vdots & \vdots & \vdots & \vdots \\ H_{n1} - S_{n1}E & H_{n2} - S_{n2}E & H_{n3} - S_{n3}E & \cdots & H_{nn} - E \end{vmatrix} = 0$$

行列式の各成分が非常に覚えやすい単純な形をしている。まず，左上から右下への対角線上には $H_{ii} - E$ が並び，それ以外の成分はすべて $H_{ij} - S_{ij}E$ になっている。対角項だけ形が違って見えるのは，原子軌道が規格化されているために $S_{ii} = 1$ になるからである。永年方程式（行列式）は簡単に書けば

$$|H_{ij} - S_{ij}E| = 0$$

とすることができる。永年方程式はどんな分子についてもこの形になるので，いちいちエネルギーの式を作って微分して連立方程式を作って……という手順を踏まなくても，いきなり永年方程式を作ることができる。例として，エタンのエネルギーを求めるための永年方程式を作ってみよう。エタンは炭素原子 2 個と水素原子 6 個の合計 8 個の原子から構成されている。したがって，永

10.1 変分法による分子軌道計算

年方程式は 8 行 8 列の行列式になる。各要素は $H_{ij} - S_{ij}E$ であるから

$$\begin{vmatrix} H_{11} - E & H_{12} - S_{12}E & H_{13} - S_{13}E & \cdots & H_{18} - S_{18}E \\ H_{21} - S_{21}E & H_{22} - E & H_{23} - S_{23}E & \cdots & H_{28} - S_{28}E \\ H_{31} - S_{31}E & H_{32} - S_{32}E & H_{33} - E & \cdots & H_{38} - S_{38}E \\ \vdots & \vdots & \vdots & \vdots & \vdots \\ H_{81} - S_{81}E & H_{82} - S_{82}E & H_{83} - S_{83}E & \cdots & H_{88} - E \end{vmatrix} = 0$$

となる。簡単な分子であってもその永年行列式はかなり大きなものになってしまう。

永年方程式は，エネルギーについての n 次方程式であるから，因数分解して n 個のエネルギー固有値 $E_1, E_2, E_3, E_4, \cdots E_n$ を求める。それらを逐次，もとの連立方程式に代入する。連立方程式は永年行列式を行列に戻し，n 個の係数からなる縦ベクトルに作用させれば得られる。エネルギーの式を微分する必要はない。

$$\begin{pmatrix} H_{11} - E & H_{12} - S_{12}E & H_{13} - S_{13}E & \cdots & H_{18} - S_{18}E \\ H_{21} - S_{21}E & H_{22} - E & H_{23} - S_{23}E & \cdots & H_{28} - S_{28}E \\ H_{31} - S_{31}E & H_{32} - S_{32}E & H_{33} - E & \cdots & H_{38} - S_{38}E \\ \vdots & \vdots & \vdots & \vdots & \vdots \\ H_{81} - S_{81}E & H_{82} - S_{82}E & H_{83} - S_{83}E & \cdots & H_{88} - E \end{pmatrix} \begin{pmatrix} c_1 \\ c_2 \\ c_3 \\ \vdots \\ c_n \end{pmatrix} = 0$$

この連立方程式を n 回解いて，n 組みの係数を求める。係数が求まれば，分子軌道関数が求まったことになる。このようにして，n 組の波動関数とエネルギーが求められる。n 個の原子軌道から n 個の分子軌道が得られるのは LCAO 法だけの特徴である。

$$\psi_1 = c_{11}\phi_1 + c_{12}\phi_2 + c_{13}\phi_3 + \cdots + c_{1n}\phi_n, E_1$$

$$\psi_2 = c_{21}\phi_1 + c_{22}\phi_2 + c_{23}\phi_3 + \cdots + c_{2n}\phi_n, E_2$$

$$\psi_3 = c_{31}\phi_1 + c_{32}\phi_2 + c_{33}\phi_3 + \cdots + c_{3n}\phi_n, E_3$$

$$\psi_n = c_{n1}\phi_1 + c_{n2}\phi_2 + c_{n3}\phi_3 + \cdots + c_{nn}\phi_n, E_n$$

ここまでの取扱いで,電子のスピンは完全に無視している。スピンを無視して軌道のエネルギーを求め,最もエネルギーの低い準位から順番に,一つの準位(軌道)に2個までの電子がスピンを対にして収容される,という基準で電子をエネルギー準位に配置していく。分子軌道法の取扱いは,簡単な分子であっても計算量は膨大なものになる。そこで,計算量を減らすための近似法が開発された。

10.2 Hückel法による分子軌道計算

1931年にErich Hückel(ヒュッケル,ドイツ,1896〜1980年)は,π共役系化合物のπ軌道を求めるための近似法を開発した。まず,積分計算をしないで済むように,積分値に実測のデータを代入した。

$$\int \phi_i^* \hat{H} \phi_i dv = H_{ii} = \alpha$$

クーロン積分は,その式を見ればわかるように,H_{ii}は電子がi番目の原子上に存在するときのエネルギーに相当するから,これはi番目の原子のπ電子(p軌道)のエネルギーである。したがって,αはi番目の炭素原子のイオン化ポテンシャルになる。イオン化ポテンシャルは,原子から電子を1個取り去るために必要なエネルギーであるから,これは軌道のエネルギーそのものである。

Erich Hückel

そして，共鳴積分については，まず二つの場合に分けた．

$$\int \phi_i^* \hat{H} \phi_j dv = H_{ij}$$

一つは i 番目の原子と j 番目の原子とが直接結合している場合の H_{ij} で，その場合はイオン化ポテンシャル α から計算される値 β とする．そして，もう一つは i 番目の原子と j 番目の原子とが直接結合していない場合で，このときは $H_{ij} = 0$ とする．

$$\begin{cases} H_{ij} = \beta & (i \text{ 番目の原子と } j \text{ 番目の原子の間に } \pi \text{ 結合あり}) \\ H_{ij} = 0 & (i \text{ 番目の原子と } j \text{ 番目の原子の間に } \pi \text{ 結合なし}) \end{cases}$$

炭素原子の 2p 軌道の場合では

$$\alpha = -7.5 \, \text{eV}$$

$$\beta = -2.5 \, \text{eV}$$

の値がよく用いられる．eV は電子ボルトという単位で，1 クーロンの電荷が 1 V/m の電界に逆らって 1 m 移動するために必要なエネルギーである．α も β もマイナスの値であることを覚えておいてもらいたい．これはのちの軌道のエネルギー準位を決めるときに必要である．そして，重なり積分であるが，重なり積分は

$$\int \phi_i^* \phi_j dv = S_{ij}$$

である．Hückel 法では，この重なり積分をすべて 0 にする．

$$S_{ij} = 0$$

これはきわめて大胆な近似である．そもそも共有結合は軌道の重なりによって生じるものであるが，Hückel 法では「軌道の重なりはない」とするのである．Hückel 法が π 共役系の π 電子に適用した場合にしか実験値に近いエネルギーを与えないのは，この近似に由来する．π 結合での p 軌道の重なりは 20〜30％程

度であり，S_{ij} の値は 0.2～0.3 程度である。これを 0 にすることは，まあまあ受け入れられる。しかし，σ 結合の場合では，p 軌道の重なりは 60～80％程度であり，S_{ij} の値は 0.6～0.8 にもなる。これを 0 にするのは，やりすぎであろう。そのため，Hückel 法では π 共役系しか保証しないのである。しかし，Hückel 法を用いれば，永年行列式の中に大量の "0" を導入できる。行列式の計算では，行列式中に 0 がたくさんあればあるほど計算が簡単になる。行列式とは，行列式内の項の斜めの掛け算を足し合わせたものであるから，行列式内に 0 があれば，その項を含む掛け算がすべて 0 になる。手計算で分子軌道を計算するためには，行列式中に 0 がたくさん現れることはじつにありがたい。

有機化合物の π 共役系を扱う場合の Hückel 法の手順をまとめておこう。

① 炭素原子に番号を付ける。

② 永年方程式（$|H_{ij} - S_{ij}E| = 0$）を作る。

③ クーロン積分 H_{ii} は α（$\alpha = -7.5\,\mathrm{eV}$）とする。

④ 共鳴積分 H_{ij} は i 番目の原子と j 番目の原子とが直接結合している場合は β（$\beta = -2.5\,\mathrm{eV}$）とする。$i$ 番目の原子と j 番目の原子とが直接結合していない場合は 0 とする。

⑤ 重なり積分はすべて 0 にする。ただし $\int \phi_i^* \phi_i dv = S_{ii} = 1$ である。これは原子軌道が規格化されているからである。

Hückel 法によって作られる永年方程式を見ればその威力がわかるであろう。例えば，ヘキサトリエンは炭素原子 6 個からなっている分子であり，6 個の π 電子系によって π 共役系が形成されている。ヘキサトリエンの各炭素原子に**図 10.1** のように番号を付ける。この番号がこの先出てくる i, j である。分子構造を見れば，この永年方程式をいきなり作ることができる。微分積分すらしないでよいのである。したがって，その永年方程式 $|H_{ij} - S_{ij}E| = 0$ は 6 行 6 列

10.2 Hückel 法による分子軌道計算

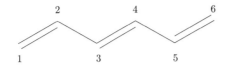

図 10.1 ヘキサトリエンの構造

の行列式であり

$$\begin{vmatrix} H_{11}-E & H_{12}-S_{12}E & H_{13}-S_{13}E & H_{14}-S_{14}E & H_{15}-S_{15}E & H_{16}-S_{16}E \\ H_{21}-S_{21}E & H_{22}-E & H_{23}-S_{23}E & H_{24}-S_{24}E & H_{25}-S_{25}E & H_{26}-S_{26}E \\ H_{31}-S_{31}E & H_{32}-S_{32}E & H_{33}-E & H_{34}-S_{34}E & H_{35}-S_{35}E & H_{36}-S_{36}E \\ H_{41}-S_{41}E & H_{42}-S_{42}E & H_{43}-S_{43}E & H_{44}-E & H_{45}-S_{45}E & H_{45}-S_{45}E \\ H_{51}-S_{51}E & H_{52}-S_{52}E & H_{53}-S_{53}E & H_{54}-S_{54}E & H_{55}-E & H_{56}-S_{56}E \\ H_{61}-S_{61}E & H_{62}-S_{62}E & H_{63}-S_{63}E & H_{64}-S_{64}E & H_{65}-S_{65}E & H_{66}-E \end{vmatrix}=0$$

である。これに Hückel 法を適用すると，永年方程式は一挙に

$$\begin{vmatrix} \alpha-E & \beta & 0 & 0 & 0 & 0 \\ \beta & \alpha-E & \beta & 0 & 0 & 0 \\ 0 & \beta & \alpha-E & \beta & 0 & 0 \\ 0 & 0 & \beta & \alpha-E & \beta & 0 \\ 0 & 0 & 0 & \beta & \alpha-E & \beta \\ 0 & 0 & 0 & 0 & \beta & \alpha-E \end{vmatrix}=0$$

となり，まさに 0 だらけである。この行列式を展開すれば，掛け算は 0 だらけで生き残る項はとても少ない。これはうれしい限りである。まず，対角項はすべて $\alpha-E$ である。そしてその両隣りは β で，それ以外はほとんど 0 である。ここで，i 番目の炭素と j 番目の炭素が直接結合しているかどうか（つまり隣り合っているかどうか）に注意する必要がある。例えば，ヘキサトリエンと同じ炭素数からなるベンゼン（**図 10.2**）の場合では，最初の炭素と最後の炭素との間に結合がある。つまり，原子に付けた番号 i と j とが続き番号でない場合でも重なり積分が 0 にならないことがあるのである。ベンゼンの永年方程

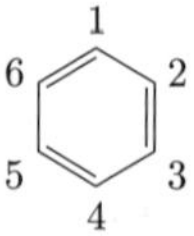

10. 分子軌道法

<pre>
    1
 6   2
 5   3
    4
</pre>

図 10.2　ベンゼンの構造

式は

$$\begin{vmatrix} \alpha-E & \beta & 0 & 0 & 0 & \beta \\ \beta & \alpha-E & \beta & 0 & 0 & 0 \\ 0 & \beta & \alpha-E & \beta & 0 & 0 \\ 0 & 0 & \beta & \alpha-E & \beta & 0 \\ 0 & 0 & 0 & \beta & \alpha-E & \beta \\ \beta & 0 & 0 & 0 & \beta & \alpha-E \end{vmatrix} = 0$$

であり，1 行 6 列の項と 6 行 1 列の項が β になっている。この違いによって，ヘキサトリエンとベンゼンのエネルギーの値は異なるものになる。

10.2.1　アリルラジカルの分子軌道

さて，Hückel 法を使って，さっそく有機 π 電子系化合物の π 電子のエネルギーと波動関数を求めてみよう。コンピュータを使わずとも，手計算でいろいろなことができるのである。まずはアリルラジカル（**図 10.3**）について考えてみよう。アリルラジカルは炭素原子 3 個からなる π 共役系化合物である。アリルラジカルには図 10.3 に示すような極限構造式を書くことができ，π 電子とラジカル電子は分子中を自由に運動できるはずである。これらの電子がどのように振る舞うか，つまりエネルギーはどのくらいで，分子中でどのような分布をするのかを紙と鉛筆で計算してみよう。

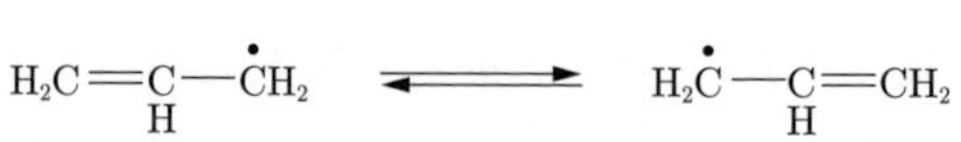

$$H_2C=C-\overset{\bullet}{C}H_2 \quad \rightleftarrows \quad \overset{\bullet}{H_2C}-C=CH_2$$
$$H\phantom{-\overset{\bullet}{C}H_2 \quad \rightleftarrows \quad \overset{\bullet}{H_2C}-}H$$

図 10.3　アリルラジカル

一般に電子は 2 個がペアとなって安定な状態になるが，ラジカルは 1 個だけの電子になっている状態である。そのため反応性は高いが，π 共役系化合物で

ある。アリルラジカルの Hückel 法の永年方程式は化学式を見てすぐに作ることができる。アリルラジカルの π 共役系は 3 個の p 軌道から成り立っているから，永年行列式は 3 行 3 列の行列式である。そして，対角線上には $\alpha - E$ が並ぶ。対角項の両隣りは β である。これは分子構造によらない。そしてアリルラジカルでは 1 番目の炭素と 3 番目の炭素は直接結合していないので，H_{13} と H_{31} は 0 になる。

$$\begin{vmatrix} \alpha - E & \beta & 0 \\ \beta & \alpha - E & \beta \\ 0 & \beta & \alpha - E \end{vmatrix} = 0$$

この各要素を β で割ってみると

$$\beta^3 \begin{vmatrix} \dfrac{\alpha - E}{\beta} & 1 & 0 \\ 1 & \dfrac{\alpha - E}{\beta} & 1 \\ 0 & 1 & \dfrac{\alpha - E}{\beta} \end{vmatrix} = 0$$

となる。ここで $(\alpha - E)/\beta = x$ とおき，両辺を β^3 で割れば，永年方程式は

$$\begin{vmatrix} x & 1 & 0 \\ 1 & x & 1 \\ 0 & 1 & x \end{vmatrix} = 0$$

となる。これを展開すれば

$$x^3 - 2x = 0$$

となる。$x(x^2 - 2) = 0$ であるから

$$x = 0, \pm\sqrt{2}$$

となる。$x = 0$ のときは，$(\alpha - E)/\beta = 0$ であるから，$E = \alpha$ となる。

$x = \sqrt{2}$ のときは，$(\alpha - E)/\beta = \sqrt{2}$ であるから，$E = \alpha - \sqrt{2}\beta$ となる。

$x = -\sqrt{2}$ のときは，$(\alpha - E)/\beta = -\sqrt{2}$ であるから，$E = \alpha + \sqrt{2}\beta$ となる。

これで三つのエネルギー固有値が求まった。α も β もマイナスの値であるから $\alpha - \sqrt{2}\beta > \alpha > \alpha + \sqrt{2}\beta$ である。

エネルギーの低いほうから，$E_1 = \alpha + \sqrt{2}\beta$，$E_2 = \alpha$，$E_3 = \alpha - \sqrt{2}\beta$ としよう。これでアリルラジカルの π 電子のエネルギーが求まった。たったこれだけの手順で，実在する分子の π 共役系電子のエネルギーが計算できるのである。さて，さらに分子軌道関数を求めよう。分子軌道は LCAO 近似のものであるので，各原子軌道に掛かっている係数を求めればよい。そのためには，いま求めたエネルギー固有値を，エネルギー値が極小値をとるための連立方程式に逐次代入して方程式を解けばよい。連立方程式は永年行列式から作ることができ

$$\begin{pmatrix} \alpha - E & \beta & 0 \\ \beta & \alpha - E & \beta \\ 0 & \beta & \alpha - E \end{pmatrix} \begin{pmatrix} c_1 \\ c_2 \\ c_3 \end{pmatrix} = \begin{pmatrix} 0 \\ 0 \\ 0 \end{pmatrix}$$

である。展開すれば次式となる。

$$\begin{cases} (\alpha - E)c_1 + \beta c_2 = 0 \\ \beta c_1 + (\alpha - E)c_2 + \beta c_3 = 0 \\ \beta c_2 + (\alpha - E)c_3 = 0 \end{cases}$$

$\boxed{(1) \quad E_1 = \alpha + \sqrt{2}\beta \text{ を代入}}$

1番目の式に $E_1 = \alpha + \sqrt{2}\beta$ を代入すると

$$(\alpha - \alpha - \sqrt{2}\beta)c_1 + \beta c_2 = -\sqrt{2}\beta c_1 + \beta c_2 = \beta(c_2 - \sqrt{2}c_1) = 0$$

$$\therefore \quad c_2 = \sqrt{2}c_1$$

が得られる。そして，2番目の式に $E_1 = \alpha + \sqrt{2}\beta$ を代入すると

$$\beta c_1 + (\alpha - \alpha - \sqrt{2}\beta)c_2 + \beta c_3 = \beta c_1 - \sqrt{2}\beta c_2 + \beta c_3 = 0$$

これに，$c_2 = \sqrt{2}c_1$ を代入すると

$$\beta c_1 - \sqrt{2}\beta \cdot \sqrt{2}c_1 + \beta c_3 = \beta c_1 - 2\beta c_1 + \beta c_3 = \beta(c_3 - c_1) = 0$$

$$\therefore \quad c_3 = c_1$$

したがって，これらを分子軌道関数 $\psi = c_1\phi_1 + c_2\phi_2 + c_3\phi_3$ に代入すると

$$\psi_1 = c_1\phi_1 + \sqrt{2}c_1\phi_2 + c_1\phi_3 = c_1(\phi_1 + \sqrt{2}\phi_2 + \phi_3)$$

c_1 は規格化によって求める。

$$c_1^2 \int (\phi_1 + \sqrt{2}\phi_2 + \phi_3)^2 dv$$

$$= c_1^2 \int (\phi_1^2 + 2\phi_2^2 + \phi_3^2 + 2\sqrt{2}\phi_1\phi_2 + 2\sqrt{2}\phi_2\phi_3 + 2\phi_1\phi_3)dv$$

$$= c_1^2(1 + 2 + 1 + 0 + 0 + 0) = 4c_1^2 = 1$$

$$\therefore \quad c_1 = \frac{1}{2}$$

したがって，$E_1 = \alpha + \sqrt{2}\beta$ のときの分子軌道関数は

$$\psi_1 = \frac{1}{2}(\phi_1 + \sqrt{2}\phi_2 + \phi_3)$$

と求められる。

(2) $E_2 = \alpha$ を代入

つぎに，$E_2 = \alpha$ を連立方程式の 1 番目の式に代入すると

$$(\alpha - \alpha)c_1 + \beta c_2 = 0 \text{ であるから，} c_2 = 0$$

$E_2 = \alpha$ と $c_2 = 0$ を 2 番目の式に代入すると

$$\beta c_1 + \beta c_3 = 0 \text{ となり，} c_3 = -c_1$$

したがって，分子軌道関数は，$\psi_2 = c_1(\phi_1 - \phi_3)$ となる。

規格化すると

$$c_1^2 \int (\phi_1^2 - 2\phi_1\phi_3 + \phi_3^2)dv = c_1^2(1 + 1) = 2c_1^2 = 1$$

$$\therefore \ c_1 = \frac{1}{\sqrt{2}}$$

したがって，$E_2 = \alpha$ のときの分子軌道関数は

$$\psi_2 = \frac{1}{\sqrt{2}}(\phi_1 - \phi_3)$$

と求められる。

$\boxed{(3) \ \ E_3 = \alpha - \sqrt{2}\beta \ を代入}$

つぎに，$E_3 = \alpha - \sqrt{2}\beta$ を連立方程式の 1 番目の式に代入する。

$$(\alpha - \alpha + \sqrt{2}\beta)c_1 + \beta c_2 = \beta(\sqrt{2}c_1 + c_2) = 0$$

$$\therefore \ c_2 = -\sqrt{2}c_1$$

そして，$E_3 = \alpha - \sqrt{2}\beta$ と $c_2 = -\sqrt{2}c_1$ を 2 番目の式に代入すると

$$\beta c_1 + \sqrt{2}\beta c_2 + \beta c_3 = \beta c_1 - 2\beta c_1 + \beta c_3 = 0$$

$$\therefore \ c_1 = c_3$$

したがって，分子軌道関数は

$$\psi_3 = c_1\phi_1 - \sqrt{2}c_1\phi_2 + c_1\phi_3 = c_1(\phi_1 - \sqrt{2}\phi_2 + \phi_3)$$

となる。これを規格化すれば

$$c_1^2 \int (\phi_1 - \sqrt{2}\phi_2 + \phi_3)^2 dv$$
$$= c_1^2 \int (\phi_1^2 + 2\phi_2^2 + \phi_3^2 - 2\sqrt{2}\phi_1\phi_2 - 2\sqrt{2}\phi_2\phi_3 + 2\phi_1\phi_3)dv$$
$$= c_1^2(1 + 2 + 1 - 0 - 0 + 0) = 4c_1^2 = 1$$

$$\therefore \ c_1 = \frac{1}{2}$$

したがって，$E_3 = \alpha - \sqrt{2}\beta$ のときの分子軌道関数は

$$\psi_3 = \frac{1}{2}(\phi_1 - \sqrt{2}\phi_2 + \phi_3)$$

10.2 Hückel 法による分子軌道計算

と求められる。

得られた波動関数とエネルギーをまとめておこう。

$$\psi_1 = \frac{1}{2}(\phi_1 + \sqrt{2}\phi_2 + \phi_3), \quad E_1 = \alpha + \sqrt{2}\beta$$
$$\psi_2 = \frac{1}{\sqrt{2}}(\phi_1 - \phi_3), \quad E_2 = \alpha$$
$$\psi_3 = \frac{1}{2}(\phi_1 - \sqrt{2}\phi_2 + \phi_3), \quad E_3 = \alpha - \sqrt{2}\beta$$

α と β はともに負の値であるから、$E_3 > E_2 > E_1$ である。

エネルギー準位と基底状態で収容される電子は図 10.4 のようになる。Hückel 法では計算の上ではスピンの向きは考慮されないが、得られたエネルギー準位にスピンを対にした二つの電子まで入れるという規則を適用し、エネルギーの低い準位から順番に電子を配置する。$E_2 = \alpha$ の軌道には電子が一つしか入っておらず、これがラジカル電子の軌道であることがわかる。

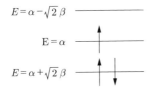

図 10.4 アリルラジカルの π 電子系のエネルギー準位と基底状態での電子配置

これらの軌道の形を調べてみよう。最もエネルギーが低い軌道である ψ_1 は三つの原子軌道が $1 : \sqrt{2} : 1$ の割合で足し合わされたものである。波動関数の符号は、すべての領域で正である。分子内のどの領域でも波動関数の値は 0 にならない。つまり、$E_1 = \alpha + \sqrt{2}\beta$ のエネルギーを持つ π 電子は分子全体に広がっている。したがって、ψ_1 は結合性軌道である。各係数 c_i の大きさを半径とした円で軌道を表現すれば図 10.5 のようになる。もし、これを各係数の 2 乗 c_i^2 を半径とする円で描けば、電子を見出す確率分布の図になる。2 番目のエネルギーの軌道 ψ_2 は、二つの原子軌道 ϕ_1 と ϕ_3 だけから成り立っている（図 10.6）。そして、ϕ_1 と ϕ_3 は符号が正負反対である。$\phi_1 - \phi_3$ という関数は、原子 2 の上では 0 になる。したがって、この軌道の π 電子は、原子 1 上と原子 3 上では見出されるが、原子 2 の上では見出されない。分子の両端に局在化しているの

198 10. 分 子 軌 道 法

図 10.5　アリルラジカルの ψ_1 軌道

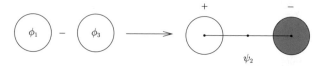

図 10.6　アリルラジカルの ψ_2 軌道

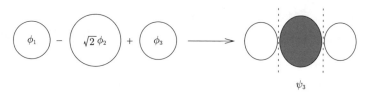

図 10.7　アリルラジカルの ψ_3 軌道

である。この軌道は分子を形成することには関与していない。したがって，ψ_2 は非結合性軌道である。最もエネルギーが高い軌道 ψ_3 は，三つの原子軌道すべてを使ってできているが，ϕ_2 だけ符号が負になっている（図 10.7）。このため，ϕ_1 と ϕ_2 が重なる領域および ϕ_3 と ϕ_2 が重なる領域では，波動関数の値が 0 になる平面が存在する。これを節面と呼ぶが，節面上では電子は見出されない。したがって，ψ_3 の電子は三つの原子上に局在化している。各原子の間には節面があり，結合は切断している。ψ_3 は反結合性軌道である。

さて，これでアリルラジカルの π 共役系電子のエネルギーとその分子軌道関数が求まった。これからどんなことがわかるかについて考えてみよう。原子軌道関数についてよく用いられるのはスレーター関数である。これは原点で最も大きな値をとり，原点から離れるごとに指数関数的に減衰するものである。原子軌道には s 軌道や p 軌道，d 軌道といろいろあるが，とりあえず，スレーター関数で近似する。さらにスレーター型軌道を図示することによって軌道がよりよく理解できる。まず，ψ_1 の軌道であるが，スレーター型関数で原子軌道を表

10.2 Hückel法による分子軌道計算

現し，その和をとると図 10.8 のようになる。波動関数がすべての領域で正の値をとっている。そして，原子間で ψ_1 の値は 0 ではなく，原子間に節面は存在しない。これは，電子が分子全体に広がって，結合を生じさせている軌道であることが理解できる。つぎに ψ_2 であるが，これは，ほとんど重なりがない原子軌道 ϕ_1 と ϕ_3 から構成されているため，分子を形成することにはほぼ関与していないことが図 10.9 から理解できるであろう。ϕ_1 と ϕ_3 は，ともに原子 2 のところで値はほとんど 0 に近く，分子軌道ではそれらが打ち消し合って，原子 2 上で分子軌道関数の値は完全に 0 になっている。ψ_2 は基底状態では 1 個だけ電子が入ったラジカルの軌道である。したがって，ラジカル電子は分子の両端で見出されるが，中央の炭素上では見出されないことがわかる。ψ_3 の軌道は，ϕ_1 と ϕ_3 の符号は正であり，ϕ_2 の符号だけが負になっている（図 10.10）。このため，原子 1 と原子 2 の間と，原子 2 と原子 3 の間で分子軌道関数の値が 0 になっている。ψ_1，ψ_2，ψ_3 と，エネルギーが高くなるにつれて節面の数が増えていることに注意してもらいたい。

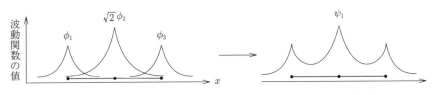

図 10.8 スレーター型関数で表したアリルラジカルの結合性軌道

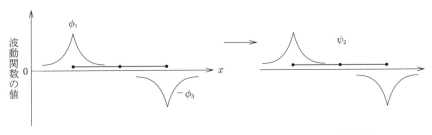

図 10.9 スレーター型関数で表したアリルラジカルの非結合性軌道

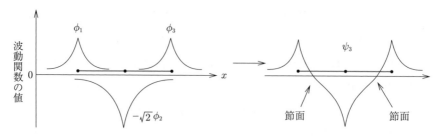

図 10.10 スレーター型関数で表したアリルラジカルの反結合性軌道

10.2.2 電子密度の計算

　分子軌道がわかれば，各炭素原子上で電子を見出す確率を計算できる。これを電子密度と呼ぶ。電子がある範囲内でどれだけ見出されるかを計算するには，分子軌道関数を2乗して，その範囲内で積分すればよい（**図 10.11**）。Ω という範囲であれば

$$Q = \int_\Omega \psi^* \psi \, dv$$

である。

　Hückel 法で求められた分子軌道関数 $\psi = c_1\phi_1 + c_2\phi_2$ があったとする。スレーター型関数で描いてみると，原子1上の電子密度を求めるためには，Ω_1 という範囲で積分を実行すればよい。

$$\begin{aligned}
Q &= \int_{\Omega_1} (c_1\phi_1 + c_2\phi_2)^2 \\
&= \int_{\Omega_1} (c_1^2\phi_1^2 + 2c_1c_2\phi_1\phi_2 + c_2^2\phi_2^2) dv \\
&= c_1^2 \int_{\Omega_1} dv + 2c_1c_2 \int_{\Omega_1} \phi_1\phi_2 dv + c_2^2 \int_{\Omega_1} \phi_2^2 dv
\end{aligned}$$

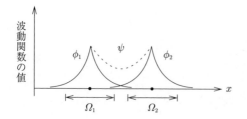

図 10.11 各原子上の電子密度の計算

10.2 Hückel 法による分子軌道計算

ここで，$\int_{\Omega_1} \phi_1^2 dv$ は ϕ_1 の電子が Ω_1 で見出される確率であるから，ほとんど 1 である。そして，$\int_{\Omega_1} \phi_1 \phi_2 dv$ は重なり積分だから，Hückel 法では 0 である。さらに，$\int_{\Omega_1} \phi_2^2 dv$ は，ϕ_2 の電子が Ω_1 で見出される確率であるから，これはほとんど 0 である。したがって

$$Q = c_1^2$$

となる。一般に，重なり積分を無視する近似の分子軌道の場合，原子軌道の係数 c_i を 2 乗すると，分子軌道の電子が i 番目の原子の軌道に入っている確率を与える。

$\psi = c_1\phi_1 + c_2\phi_2 + c_3\phi_3 + \cdots + c_n\phi_n$ で表される分子軌道に 1 個の電子が入っている場合であれば

$c_1^2 \cdots$ 原子 1 上の電子密度

$c_2^2 \cdots$ 原子 2 上の電子密度

$c_n^2 \cdots$ 原子 n 上の電子密度

となる。ただし，多くの場合，一つの軌道には 2 個の電子が入っているので，電子密度の計算には注意が必要である。**図 10.12** に示すアリルラジカルの各炭素原子上の電子密度を計算してみよう。炭素 1 上の電子密度を Q_1 とすると，ψ_1 軌道で $c_1^2 = (1/2)^2 = 1/4$，ψ_1 に電子が 2 個入っているから，$2 \times 1/4 = 1/2$ となる。そして，ψ_2 軌道では $c_1^2 = (1/\sqrt{2})^2 = 1/2$ で，電子は 1 個だけだか

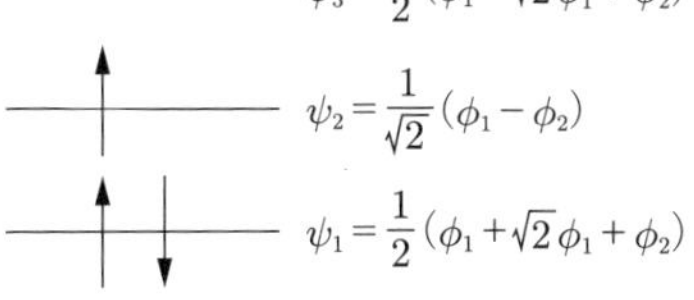

$\psi_3 = \frac{1}{2}(\phi_1 - \sqrt{2}\phi_1 + \phi_2)$

$\psi_2 = \frac{1}{\sqrt{2}}(\phi_1 - \phi_2)$

$\psi_1 = \frac{1}{2}(\phi_1 + \sqrt{2}\phi_1 + \phi_2)$

図 10.12 アリルラジカルの電子配置

ら，$1 \times 1/2 = 1/2$ である。ψ_3 には電子は入っていないから計算する必要はない。そして，これらの和が Q_1 になるわけだから，$Q_1 = 1/2 + 1/2 = 1$ となる。同様にして Q_2，Q_3 を計算すると，すべて 1 になる（$Q_1 = 1$，$Q_2 = 1$，$Q_3 = 1$）。アリルラジカルでは，どの炭素も電子密度は等しい。ただし，ラジカル電子は両端でしか見出せない。

10.2.3 結 合 次 数

結合次数とは，結合の強さの指標である。単結合，二重結合，三重結合，といった数字である。結合性軌道に 2 個の電子が入っていれば結合次数は +1，反結合性軌道に 2 個電子が入っていれば結合次数は -1，非結合性軌道なら結合次数は 0，というふうに数える。分子軌道関数 $\psi = c_1\phi_1 + c_2\phi_2 + c_3\phi_3 + \cdots + c_n\phi_n$ で，隣り合った原子軌道の係数の積 $c_i \times c_j$ が正の値であれば，原子 i と原子 j との間には結合がある。そこで，電子が入っているすべての軌道について $c_i \times c_j \times$ （その軌道を占める電子の数）の値を足し合わせた値を**結合次数**とする。アリルラジカルの 2 番目の炭素と 3 番目の炭素との間の結合次数を計算してみよう。

$\psi_1 = 1/2(\phi_1 + \sqrt{2}\phi_2 + \phi_3)$ に 2 個，$\psi_2 = 1/\sqrt{2}(\phi_1 - \phi_2)$ に 1 個の電子が入っているから

$$\frac{\sqrt{2}}{2} \times \frac{1}{2} \times 2 + 0 \times \left(-\frac{1}{\sqrt{2}}\right) = \frac{\sqrt{2}}{2} \approx 0.71$$

これが 2 番目の炭素と 3 番目の炭素との間の π 結合の結合次数である。σ 結合の分と合わせれば，2 番目の炭素と 3 番目の炭素の間には 1.71 重結合があるということになる。

10.2.4 ベンゼンの π 電子系の共鳴安定化効果

ベンゼンは非常に安定な π 共役系化合物である。その安定性について，Hückel 法で論じることができる。ベンゼンは 1825 年，Faraday によって，鯨油を熱

分解したときの生成物の中から初めて発見された。そして1865年にFriedrich Kekulé（ケクレ，ドイツ，1829〜1896年）によって，炭素原子間に単結合と二重結合が交互に配列したベンゼンの環状構造式（**図10.13**）が提案された。この構造は提案者のケクレにちなんでケクレ構造と呼ばれている。この構造は，ケクレが，猿が手を繋いでいる夢を見たことで着想したといわれている。

Friedrich Kekulé

図10.13 ケクレ構造

ベンゼンのπ電子系は6個の炭素原子がそれぞれ1個ずつ計6個の電子を出し合って形成されている。したがって，その永年行列式は6行6列である。まず，ベンゼンのπ共役系が環状構造であることに注意しながら永年方程式を作る。

$$\begin{vmatrix} \alpha-E & \beta & 0 & 0 & 0 & \beta \\ \beta & \alpha-E & \beta & 0 & 0 & 0 \\ 0 & \beta & \alpha-E & \beta & 0 & 0 \\ 0 & 0 & \beta & \alpha-E & \beta & 0 \\ 0 & 0 & 0 & \beta & \alpha-E & \beta \\ \beta & 0 & 0 & 0 & \beta & \alpha-E \end{vmatrix} = 0$$

この行列式から β を括りだすと

$$\beta^6 \begin{vmatrix} \dfrac{\alpha-E}{\beta} & 1 & 0 & 0 & 0 & 1 \\ 1 & \dfrac{\alpha-E}{\beta} & 1 & 0 & 0 & 0 \\ 0 & 1 & \dfrac{\alpha-E}{\beta} & 1 & 0 & 0 \\ 0 & 0 & 1 & \dfrac{\alpha-E}{\beta} & 1 & 0 \\ 0 & 0 & 0 & 1 & \dfrac{\alpha-E}{\beta} & 1 \\ 1 & 0 & 0 & 0 & 1 & \dfrac{\alpha-E}{\beta} \end{vmatrix} = 0$$

この両辺を β^6 で割り，$(\alpha-E)/\beta = x$ とおくと

$$\begin{vmatrix} x & 1 & 0 & 0 & 0 & 1 \\ 1 & x & 1 & 0 & 0 & 0 \\ 0 & 1 & x & 1 & 0 & 0 \\ 0 & 0 & 1 & x & 1 & 0 \\ 0 & 0 & 0 & 1 & x & 1 \\ 1 & 0 & 0 & 0 & 1 & x \end{vmatrix} = 0$$

となる。余因子展開を使ってこの行列式を展開する。

余因子展開とは，例えば

$$D = \begin{vmatrix} a_{11} & a_{12} & a_{13} & a_{14} & a_{15} & a_{16} \\ a_{21} & a_{22} & a_{23} & a_{24} & a_{25} & a_{26} \\ a_{31} & a_{32} & a_{33} & a_{34} & a_{35} & a_{36} \\ a_{41} & a_{42} & a_{43} & a_{44} & a_{45} & a_{46} \\ a_{51} & a_{52} & a_{53} & a_{54} & a_{55} & a_{56} \\ a_{61} & a_{62} & a_{63} & a_{64} & a_{65} & a_{66} \end{vmatrix}$$

という行列式を，次数が一つ低い行列の和に変換する方法である。これを使えば，6行6列の行列式を，6個の5行5列の行列式の足し算にすることができる。

余因子とは，行列式から a_{ij} を含む行と列を取り除いた行列式のことである。1 列目の項を使って余因子を作ってみよう。1 列目には $a_{11}, a_{21}, a_{31}, a_{41}, a_{51}, a_{61}$ という 6 個の数字が縦に並んでいる。まず，1 行 1 列の項である a_{11} を含む行と列を取り除いた行列式を作る。その行列式を D_{11} と表す。

$$D_{11} = \begin{vmatrix} a_{22} & a_{23} & a_{24} & a_{25} & a_{26} \\ a_{32} & a_{33} & a_{34} & a_{35} & a_{36} \\ a_{42} & a_{43} & a_{44} & a_{45} & a_{46} \\ a_{52} & a_{53} & a_{54} & a_{55} & a_{56} \\ a_{62} & a_{63} & a_{64} & a_{65} & a_{66} \end{vmatrix}$$

そして，D_{21} は a_{21} を含む行と列を取り除いた行列式である。

$$D_{21} = \begin{vmatrix} a_{12} & a_{13} & a_{14} & a_{15} & a_{16} \\ a_{32} & a_{33} & a_{34} & a_{35} & a_{36} \\ a_{42} & a_{43} & a_{44} & a_{45} & a_{46} \\ a_{52} & a_{53} & a_{54} & a_{55} & a_{56} \\ a_{62} & a_{63} & a_{64} & a_{65} & a_{66} \end{vmatrix}$$

同様にして，a_{ij} を含む行と列を取り除いた行列式を D_{ij} と表す。これを用いれば，行列式はつぎのように展開することができる。

$$D = \sum_j a_{ij}(-1)^{1+j} D_{ij}$$

6 行 6 列の行列式を 1 列目を使って余因子展開すれば，6 個の 5 行 5 列の行列式に a_{i1} を掛けたものの和になる。同様に余因子展開すれば，5 行 5 列の行列式は 5 個の 4 行 4 列の行列式に a_{i2} を掛けたものの和になる。そして 4 行 4 列の行列式は 4 個の 3 行 3 列の行列式に a_{i3} を掛けたものの和になる。6 行 6 列の行列式を 3 行 3 列の行列式の和にまで展開すれば，120 個の 3 行 3 列の行列式の和になる。3 行 3 列になれば斜めの掛け算で行列式の値を計算できるので，手計算で 6 行 6 列の行列式を計算することができる。ただし，Hückel 法の威力

はここで遺憾なく発揮される。Hückel 法での永年行列式には 0 がたくさん並んでいるので，余因子展開して得られる 120 個の項のうち，かなりの割合が 0 になる。このようにして余因子展開によってベンゼンの永年行列式を展開すると

$$(x^2 - 1)(x^2 - 1)(x^2 - 4) = 0$$

という方程式が得られる。この式から

$$x = \pm 1, \quad x = \pm 1, \quad x = \pm 2$$

という解が得られる。$x = \pm 1$ が 2 回出ているが，誤植ではない。エネルギー値が同じものが複数存在することは量子力学ではよくあることである。また，エネルギー固有値が同じだからといって，ひとまとめにはできない。$x = \pm 1$，$x = \pm 1$, $x = \pm 2$ を $(\alpha - E)/\beta = x$ に代入してエネルギー固有値 E を求める。
$E_1 = \alpha + 2\beta$ が一つ，$E_2 = \alpha + \beta$ が二つ，$E_3 = \alpha - \beta$ が二つ，$E_4 = \alpha - 2\beta$ が一つ，の合計 6 個のエネルギー準位が得られる。電子は，E_1 の準位に 2 個，E_2 の準位に 4 個入っているから，分子全体での π 電子系のエネルギーは

$$(\alpha + 2\beta) \times 2 + (\alpha + \beta) \times 4 = 6\alpha + 8\beta$$

となる（**図 10.14**）。これが π 共役系がベンゼン全体に広がった場合のエネルギーである。

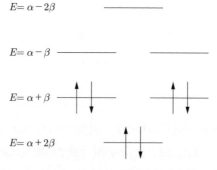

図 10.14 ベンゼンのエネルギー準位と基底状態の電子配置

10.2 Hückel 法による分子軌道計算

さて，ベンゼンの π 電子がケクレ構造のように 3 個の二重結合と 3 個の単結合からできていたら，そのエネルギーはどれほどであろうか。π 電子が三つの二重結合に局在化しているのであれば，ベンゼンの π 電子のエネルギーは，エチレンのエネルギーの 3 倍である。エチレンの π 電子のエネルギーは

$$\begin{vmatrix} \alpha - E & \beta \\ \beta & \alpha - E \end{vmatrix} = 0$$

より，$E_1 = \alpha + \beta$, $E_1 = \alpha - \beta$ と求まる（図 **10.15**）。

$E = 6\alpha + 8\beta$　　　$E = 6\alpha + 6\beta$

図 **10.15** ベンゼンの π 電子が非局在化した場合と局在化した場合のエネルギー

2 個の電子がエチレンの $E_1 = \alpha + \beta$ の軌道に入り，それが 3 組みあるから，ケクレ構造のベンゼンの π 電子系のエネルギーは

$$E = 3 \times (2 \times E_1) = 6\alpha + 6\beta$$

と求まる。

α, β はともに負の値であるから，π 電子は非局在化することによって 2β だけ安定化することがわかる。この 2β という値は炭素の p 軌道のイオン化ポテンシャルの 70 ％にも相当する大きなエネルギーである。したがって，ベンゼンの π 電子の非局在化による安定化は非常に大きいということがわかる。

10.2.5 簡単な分子の構造予測

Hückel 法は本来，π 共役系にしか適用できないが，計算量が少なくて済むので，簡単な σ 結合系のおおよそのエネルギーを調べるのに使ってみよう。例えば，H_3^+ という分子（プロトン化水素）はどんな構造をしているのであろうか。水素の原子核 3 個と電子 2 個からなる分子である。その構造として考えられるのは，(a) 直線状構造と (b) 環状構造である（図 **10.16**）。このどちらの構造

```
           H  +
          ╱ ╲
H—H—H⁺   H—H
(a) 直線状構造   (b) 環状構造
```

図 10.16 プロトン化水素の分子構造

をとるかを予想するには，それぞれの構造のエネルギーを計算し，熱力学的安定なもの（つまりエネルギーが低いもの）を選べばよい．まず，直線状構造の場合（a）では

$$\begin{vmatrix} \alpha - E & \beta & 0 \\ \beta & \alpha - E & \beta \\ 0 & \beta & \alpha - E \end{vmatrix} = (\alpha - E)^3 - 2(\alpha - E)\beta^2$$

$$= (\alpha - E)(\alpha - E + \sqrt{2}\beta)(\alpha - E - \sqrt{2}\beta)$$

$$= 0$$

$$\therefore \quad E = \alpha + \sqrt{2}\beta, \quad \alpha, \quad \alpha - \sqrt{2}\beta$$

2 個の電子は最もエネルギーが低い $E = \alpha + \sqrt{2}\beta$ の軌道に入るから，直線状構造の場合のエネルギーは，$2 \times (\alpha + \sqrt{2}\beta) = 2\alpha + 2\sqrt{2}\beta$ となる（**図 10.17**）．

つぎに，環状構造の場合（b）を計算する．

$$\begin{vmatrix} \alpha - E & \beta & \beta \\ \beta & \alpha - E & \beta \\ \beta & \beta & \alpha - E \end{vmatrix}$$

$$= \beta^3 + \beta^3 + (\alpha - E)^3 - 3(\alpha - E)\beta^2$$

$$= (\alpha - E)^3 - 3(\alpha - E)\beta^2 + 2\beta^3$$

$$= \{(\alpha - E) - \beta\}^3 + 3(\alpha - E)^2\beta - 6(\alpha - E)\beta^2 + 3\beta^3$$

$$= \{(\alpha - E) - \beta\}^3 + 3\beta\{(\alpha - E)^2 - 2(\alpha - E)\beta + \beta^2\}$$

$$= \{(\alpha - E) - \beta\}^3 + 3\beta\{(\alpha - E) - \beta\}^2$$

$$= \{(\alpha - E) - \beta\}^2 [\{(\alpha - E) - \beta\} + 3\beta]$$

$$\therefore \quad E = \alpha - \beta, \quad \alpha - \beta, \quad \alpha + 2\beta$$

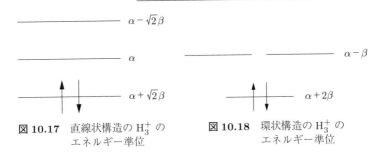

図 10.17 直線状構造の H_3^+ のエネルギー準位

図 10.18 環状構造の H_3^+ のエネルギー準位

最もエネルギーが低い $E = \alpha + 2\beta$ の軌道に 2 個の電子が入るから，環状構造のエネルギーは，$2 \times (\alpha + 2\beta) = 2\alpha + 4\beta$ と求められる（**図 10.18**）。

直線状構造の場合のエネルギーと環状構造の場合のエネルギーを比較してみると

直線状構造：$E = 2\alpha + 2\sqrt{2}\beta$

環 状 構 造：$E = 2\alpha + 4\beta$

となり，環状構造のほうがエネルギーが低い。つまり熱力学的に安定である。実際，H_3^+ は宇宙空間に存在し，その振動スペクトルから環状構造となっていることが確かめられている。

つぎに，ヨウ化物イオン I_3^- の分子構造を調べてみよう。I_3^- の場合も，直線状構造と環状構造があり得る。ヨウ素の最外殻は $5p^5$（p_x^2, p_y^2, p_z^1）で，それぞれのヨウ素原子が 1 個ずつ電子（p_z^1）を出し合い，さらに陰イオンなので電子を 1 個多く持っている。したがって，I_3^- の分子構造形成にかかわっている電子は 4 個である。エネルギーの計算そのものは H_3^+ の場合と同じである。ただし，数値計算をする場合には，α や β の値は 5p 軌道のものを用いる必要がある。直線状の構造の場合では

$$E = 2 \times (\alpha + \sqrt{2}\beta) + 2 \times \alpha = 4\alpha + 2\sqrt{2}\beta$$

となる（**図 10.19**）。そして，環状の場合では

$$E = 2 \times (\alpha + 2\beta) + 2 \times (\alpha - \beta) = 4\alpha + 2\beta$$

である（**図 10.20**）。したがって，I_3^- は直線状構造のほうが安定である。

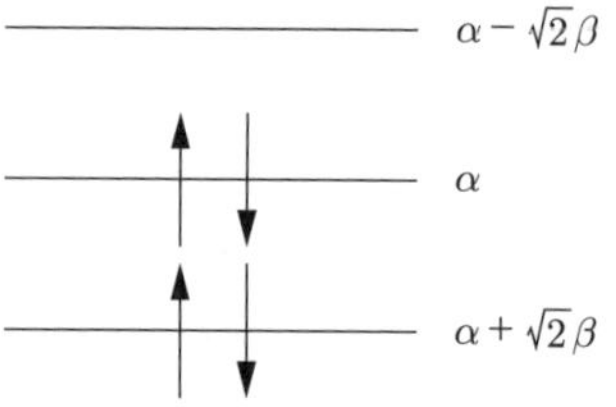

図 10.19 直線状構造の I_3^- のエネルギー準位

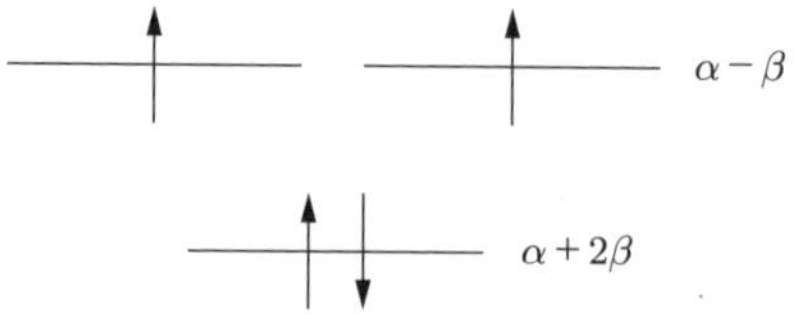

図 10.20 環状構造の I_3^- のエネルギー準位

10.3 軌道の混成と原子価結合法

分子軌道法では，各電子は分子全体に広がっていると考え，それらの波動関数とエネルギーを求める．それに対して，各電子は各原子上に局在化しているとして結合を考える方法が，**原子価結合法**である．水素には1本の手，炭素には4本の手，酸素には2本の手，という考え方に近いので，原理を理解しやすい方法である．また，分子軌道法で分子の立体構造を決めるためには，コンピュータを使って膨大な計算をする必要があるが，原子価結合法の考えに基づき，Linus Carl Pauling（ポーリング，米国，1901〜1994年）が**混成軌道**の概念を発明した（**図 10.21**，**図 10.22**）．炭素原子の6個の電子のうち，2個はエネルギーが低い1s軌道に入っていて，ほかの原子との結合には関与しないが，残りの4個の電子は2s軌道と2p軌道を占めている．この2s軌道と2p軌道は遮蔽効果を無視すればエネルギーが等しいので，波動関数を足し合わせることができる．

Linus Carl Pauling

sp^3 混成軌道
正四面体

sp^2 混成軌道
平面三角形

sp 混成軌道
直線状

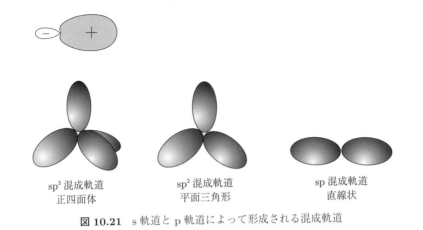

図 10.21　s 軌道と p 軌道によって形成される混成軌道

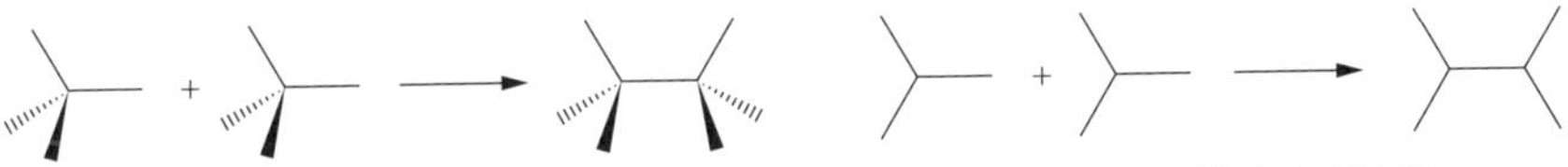

sp^3 混成軌道（正四面体構造）

sp^2 混成軌道（平面三角形）

図 10.22　混成軌道によって分子を組み立てる

1 個の s 軌道と 3 個の s 軌道を組み合わせれば，sp^3 混成軌道となり，それは正四面体の中心から頂点に向かうローブを持つ四つの軌道である。1 個の s 軌道と 2 個の p 軌道なら，正三角形の中心から頂点に向かうローブを持つ三つの sp^2 混成軌道になり，1 個の s 軌道と 1 個の p 軌道なら直線型でたがいに正反対の方向を向く二つの sp 混成軌道になる。飽和炭化水素の 4 本の結合は正四面体型の方向性を持っており，sp^3 混成軌道のローブと一致する。そして，二重結合を持つ炭素は sp^2 混成軌道，三重結合の炭素は sp 混成軌道にそれぞれ立体構造が等しい。このように，原子軌道を足し合わせてできる混成軌道が，分子構造を説明するのに都合がよいことを Pauling は示した。したがって，あらかじめ炭素原子の軌道が混成し，それらが組み合わさって分子構造ができると考えれば，複雑な計算をしなくても，まるでブロック細工のように任意の炭化水素の立体構造を知ることができる。このように軌道を足し合わせて混成軌道を作ってもかまわない，ということの根拠はつぎのようになる。

いま，二つの波動関数 φ_1 と φ_2 があり，それらのエネルギーは等しいとする。このとき，これらの波動関数にハミルトニアンを作用させれば

$$\hat{H}\varphi_1 = E\varphi_1$$
$$\hat{H}\varphi_2 = E\varphi_2$$

である。この φ_1 と φ_2 を用いて新しい軌道を作る。

$$\varphi = c_1\varphi_1 + c_2\varphi_2$$

ここで c_1, c_2 は任意の定数である。この新しい軌道 φ にハミルトニアンを作用させると

$$\hat{H}\varphi = \hat{H}(c_1\varphi_1 + c_2\varphi_2) = c_1 E\varphi_1 + c_2 E\varphi_2 = E(c_1\varphi_1 + c_2\varphi_2) = E\varphi$$

であるから，この新しい軌道 φ もこのハミルトニアンの固有関数である。したがって，エネルギー固有値の等しい軌道（波動関数）を任意の割合で足し合わせて新しい軌道（混成軌道）を作ることができる。

　Pauling は一般化学の教科書には必ず名前が出てくる人物である。化学結合の取り扱いに量子力学を適用した初めての人物であり，彼の著作『化学結合論入門』[4] は長い間化学結合論の標準的テキストであった。電気陰性度の定義を提案し，現在も Mulliken の方法とともに代表的な電気陰性度の値として使われている。DNA の構造決定では Watson, Crick らと競い合った。1954 年に化学結合の本性ならびに複雑な分子の構造の研究でノーベル化学賞を受賞した。また，核実験反対運動・平和運動に積極的に参加し，核実験に反対する科学者1万人以上の署名を国連に提出することで部分的核実験禁止条約の締結に貢献した。1963 年にはノーベル平和賞を受賞している。晩年はビタミン C の大量摂取による健康法，特に癌予防を主張していた。これは医学界からは認められなかったが，彼は 93 歳という長寿を達成した。ただし，死因は前立腺癌であり，効果があったのかなかったのか，判定はなんともいえない。まえがきでも述べたが，若い Pauling は大学院に進学する直前に，Bragg

が書いた結晶学の本を読み込むとともに500題もの物理化学の問題を集中して解いたそうである。そしてこの経験が後々に非常に役に立ったと述べている。

10.4 拡張Hückel法

Hückel法をσ結合にまで広げたのが拡張Hückel法である。π電子だけでなく，分子中のすべての価電子（結合に関与している電子）を使って計算する。電子のスピンは無視する。Hückel法と同様に，LCAO近似で分子軌道を表し，永年方程式を作ってエネルギーの値を求める。

$$|H_{ij} - S_{ij}E| = 0$$

そして，拡張Hückel法では重なり積分の値を0にしない。重なり積分を計算するためには具体的な原子軌道関数が必要である。この原子軌道関数にはスレーター型関数を用いる。そして，各原子の位置座標を使って計算しなければならないので，単純なHückel法に比べて計算量は膨大になる。クーロン積分には各原子の原子価状態でのイオン化ポテンシャルの値を用いる。そして，共鳴積分は重なり積分の値を使って計算する。

$$H_{ii} = -I_i \quad （イオン化ポテンシャル）$$

$$H_{ij} = 3.5 \left(H_{ii} + H_{jj}\right) S_{ij}$$

拡張Hückel法は，Hückel法の重なり積分を計算するだけであるが，それだけの違いでも，もはや紙と鉛筆による計算は無理である。SCF法のような繰り返し計算を行わないので計算時間は短いが，計算結果は実験値とよく合うことが多い。

10.5 Hartree-Fock-Roothaan法

8章の最後に扱ったHartree-FockのSCF法を分子軌道に拡張したもので，コンピュータによる量子化学計算でよく用いられている方法である。電子の

スピンも考慮する。n 個の電子からなる系の分子軌道を LCAO 法で求める。Schrödinger 方程式は

$$\left[\sum_i^n \left(-\frac{\hbar^2}{2m}\nabla_i^2 + V_i\right) + \sum_{i>j}^n \frac{e^2}{r_{ij}}\right]\psi = E\psi$$

である。この方程式のハミルトニアン中の $\sum_{i>j}^n e^2/r_{ij}$ は電子どうしの反発エネルギーである。まず，各原子軌道の足し合せで分子軌道を作る。

$$\phi_i = \sum_i^m c_i \varphi_i$$

ここで φ_i は i 番目の原子の原子軌道である。そして，その分子軌道を使ってスレーター行列式を作り，反対称化された分子軌道を求める。軌道のエネルギーは

$$E = \int \psi^* \left[\sum_i^n \left(-\frac{\hbar^2}{2m}\nabla_i^2 + V_i\right) + \sum_{i>j}^n \frac{e^2}{r_{ij}}\right]\psi dv$$

であり，このエネルギーが極小値をとるように c_i を調整すればよい。ここで，一電子近似を用い，変分法を適用すると，Hartree-Fock-Roothaan の式と呼ばれる連立方程式が得られる。一電子近似なので，ハミルトニアン中にも波動関数が現れる。そのため，方程式にあらかじめ波動関数を代入する必要がある。まず，原子軌道としてガウス関数の足し合せで作ったスレーター関数を用い，各軌道の係数は拡張 Hückel 法などで求めた値を使うことで，試行の分子軌道を作る。これを Hartree-Fock-Roothaan の式に代入して新しい波動関数を求め，それをさらに代入しなおして，つぎの関数を求める。これを各係数 $c_i{}^j$ の値とエネルギーが収束するまで繰り返す。あらかじめ代入する軌道関数は，8章で解説したガウス関数を組み合わせたものを用いる。いくつかのガウス型関数によってスレーター原子関数を近似した STO-nG や，6-31G（炭素原子の 1s 軌道を 6 個のガウス関数，2s 軌道を 3 個のガウス関数 2p 軌道を 1 個のガウス関数で表したもの）などがよく用いられる。

章 末 問 題

問題 10.1 Hückel 法について簡単に説明せよ。

問題 10.2 ブタジエン（$CH_2=CH–CH=CH_2$）の π 電子のエネルギーを Hückel 法で求める場合の永年行列式を書け。

問題 10.3 Hückel 法を用いて，アリルラジカル（$\cdot CH_2–CH=CH_2$）の π 電子系の三つのエネルギー準位を求めよ。ただし，クーロン積分を α，交換積分（共鳴積分）を β とする。また，それぞれのエネルギー準位における π 電子の分布はどのようになるか図示せよ。

問題 10.4 Hückel 法を用いて H_3^+ と H_3^- の安定な分子構造を予想せよ。

問題 10.5 ナフタレンの π 電子系のエネルギーを Hückel 法で求める場合の永年方程式を作れ。

問題 10.6 重なり積分を無視する近似法で得られた分子軌道関数

$$\psi = c_1\varphi_1 + c_2\varphi_2 + c_3\varphi_3 + \cdots$$

において，各原子軌道関数の係数の 2 乗 $c_1^2, c_2^2, c_3^2 \cdots$ が電子がその原子軌道に入っている確率を表していることを示せ。

問題 10.7 永年方程式とはなにか説明せよ。

11章
位相軌道反応論

波動関数は，その2乗（$|\psi|^2$）の値だけが物理的な意味を持つ。2乗だけが定義されているのであれば，ある空間中の点において，波動関数の値が正であろうが負であろうが，意味はないともいえる。しかし，化学反応を考える場合，波動関数の値が正になるか負になるかという波動関数の位相が大きな役割を演じる。

11.1 フロンティア軌道論とウッドワードホフマン則

化学反応の起こりやすさを軌道から考えてみよう。化学反応にかかわる軌道についての理論は1952年に福井謙一（京都大学，1918～1998年）によって発表された。求電子試薬と求核試薬とが反応する際，求核試薬では電子によって占有されている分子軌道のうち，最もエネルギーの高い軌道（**最高被占軌道**, Highest Occupied Molecular Orbital, **HOMO**）の最も電子密度の高い部分が，求電子試薬では電子によって占有されていない分子軌道のうち，最もエネルギーの低い軌道（**最低空軌道**, Lowest Unoccupied Molecular Orbital, **LUMO**）の最も電子密度の高い部分が反応点になるという理論である。最高被占軌道および最低空軌道を合わせて**フロンティア軌道**という。フロンティア軌道論では，化学反応の進行をフロンティア軌道の「位相」という観点から説明する。このため，福井らの理論は**位相軌道反応論**とも呼ばれる。

福井謙一

位相というと抽象的な印象を受けるが，つまりは波動関数の値が正の部分と

11.1 フロンティア軌道論とウッドワードホフマン則　217

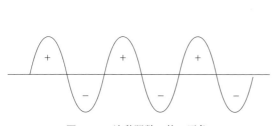

図 11.1　波動関数の値の正負

図 11.2　p 軌道の波動関数の値の符号

負の部分を考えるということである（**図 11.1**）。波動関数は波の式なので，値が正になる部分と負になる部分とが交互に現れる。例えば，p 軌道ではローブの片方の値は正で，もう片方は負である（**図 11.2**）。この正負は波動関数の正負であって，電荷の正負ではないことを注意する必要がある。位相反応論によれば，結合が生成する原子間で波動関数の符号が同じ部分が重なるようにして反応が進行するということになる。また，Robert Burns Woodward（ウッドワード，米国，1917～1979 年）と Roald Hoffmann（ホフマン，米国，1937 年～）は，1965 年には反応の前後において反応に関与する電子の所属する分子軌道の対称性は保存されるというウッドワード・ホフマン則を発表した。これらの業績によって，福井と Hoffmann は 1981 年にノーベル化学賞を受賞している。福井はメモ魔であった。眠るときは，枕元にメモ帳と鉛筆を置いていた。寝入る前や夢の中で研究の着想を得たときに，それをすぐにメモに残すためで

Robert Burns Woodward

Roald Hoffmann

ある。「暗闇の中でも走り書きする技量は，私はプロだ。」と語ったという。さらに，「私の経験からすると，メモもしないで覚えているようなアイディアにはろくなものはない。メモをしないとすぐ忘れてしまうようなアイディアの中にこそ，重要な項目を含んでいることが多い。」といっている。彼は早朝の散歩を欠かさなかったが，散歩には必ずメモ帳を持っていったという。

11.2 Diels-Alder 反応

位相軌道論に基づいて，Diels-Alder 反応を説明してみよう。Diels-Alder 反応は，ブタジエン骨格とエチレン骨格との反応である（**図 11.3**）。これらは加熱するだけで容易に反応し，ヘキセン環骨格を生じる。明らかに π 電子系の反応である。それに対して，エチレンどうしは熱ではなかなか反応しない（**図 11.4**）。ただし，紫外線を照射して，エチレンを励起状態にすれば反応してシ

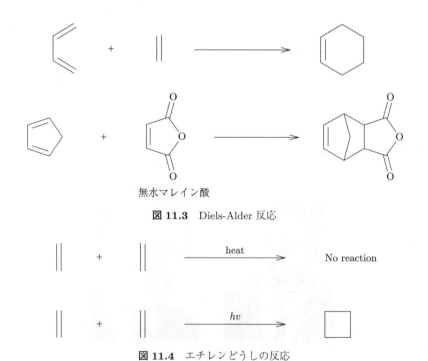

図 11.3 Diels-Alder 反応

図 11.4 エチレンどうしの反応

クロブタンを与える。この違いはどのようにして生じるのだろうか。位相軌道反応論によれば，反応は片方の分子の HOMO ともう片方の分子の LUMO との重なりによって生じる。まず，Diels-Alder 反応から考えよう。

ブタジエンおよびエチレンの HOMO と LUMO を求める。Hückel 法によって求めたブタジエンのエネルギー準位と分子軌道は**図 11.5** のようになる。ϕ_i は炭素原子の p 軌道関数である。したがって，ブタジエンの HOMO は E_2 の準位の軌道で，その分子軌道はおおよそ

$$E_4 = \alpha - 1.6\beta \qquad \psi_4 = 0.4\phi_1 - 0.6\phi_2 + 0.6\phi_3 - 0.4\phi_4$$
$$E_3 = \alpha - 0.6\beta \qquad \psi_3 = 0.6\phi_1 - 0.4\phi_2 - 0.4\phi_3 + 0.6\phi_4$$
$$E_2 = \alpha + 0.6\beta \underline{\quad\uparrow\downarrow\quad} \psi_2 = 0.6\phi_1 + 0.4\phi_2 - 0.4\phi_3 - 0.6\phi_4$$
$$E_1 = \alpha + 1.6\beta \underline{\quad\uparrow\downarrow\quad} \psi_1 = 0.4\phi_1 + 0.6\phi_2 + 0.6\phi_3 + 0.4\phi_4$$

図 11.5 ブタジエンの π 電子のエネルギー準位と分子軌道

$$\mathrm{HOMO}:\psi_2 = 0.6\phi_1 + 0.4\phi_1 - 0.4\phi_1 - 0.6\phi_1$$

である。そして，ブタジエンの LUMO は E_3 の準位の軌道で，その分子軌道は

$$\mathrm{LUMO}:\psi_3 = 0.6\phi_1 - 0.4\phi_2 - 0.4\phi_3 + 0.6\phi_4$$

である。これらを各軌道の係数の大きさを無視して（ただし，正負は無視しないで），各原子の p 軌道の簡単な絵で図示すれば，**図 11.6** のようになる。図 11.6 で軌道の白い部分は波動関数の値が正の部分を表し，灰色の部分は波動関

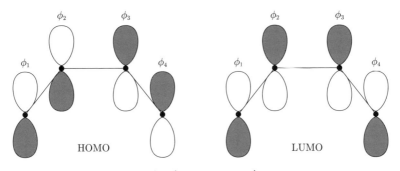

図 11.6 ブタジエンの HOMO と LUMO

数の値が負の部分を表している。p軌道はローブの片方は波動関数の値が正で，もう片方は負である。そして，波動関数にかかった係数 c_i の値の正負によって，上下どちらのローブが正になるかが変化する。二つの原子軌道が，その値が正どうし，あるいは負どうしで重なれば結合が生じる。しかし，正の部分と負の部分とでは，軌道が重なることによって波動関数が打ち消しあってしまうので，結合は生じず，電子を見出せない面（節面）ができてしまう。ブタジエンの HOMO では ϕ_1 と ϕ_2，および ϕ_3 と ϕ_4 の間では軌道の位相（正と負）が一致しており，π 結合が形成されている。しかし，ϕ_2 と ϕ_3 の間では位相が異なっており，節面が生じている。LUMO では，ϕ_2 と ϕ_3 の間では位相が一致していて π 結合ができているが，ϕ_1 と ϕ_2，および ϕ_3 と ϕ_4 の間では位相が異なっており，π 結合は生じていない。

つぎに，エチレンの HOMO と LUMO を考えてみよう。Hückel 法によって求めたエチレンの π 電子のエネルギー準位と分子軌道関数は**図 11.7** のようになる。E_1 の軌道が HOMO で，E_2 の軌道が LUMO である。これらを各軌道の係数の正負だけを考慮して，各原子の p 軌道の簡単な絵で HOMO と LUMO を図示すれば，**図 11.8** のようになる。これでブタジエンとエチレンの HOMO と LUMO の様子がわかった。では，HOMO と LUMO は結合の生成にどのようにかかわってくるのだろうか。結合が生じるかどうかを調べるには，片方の分子の HOMO ともう片方の分子の LUMO の軌道を重ね合わせてみる。そのときに，軌道が同じ符号で重なれば結合が生じ，異なる符号で重なれば結合は生じない（**図 11.9**）。

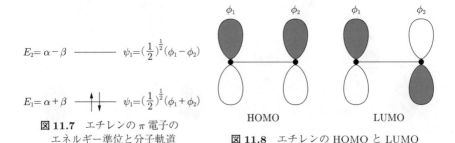

図 11.7 エチレンの π 電子のエネルギー準位と分子軌道

図 11.8 エチレンの HOMO と LUMO

11.2 Diels-Alder 反応   221

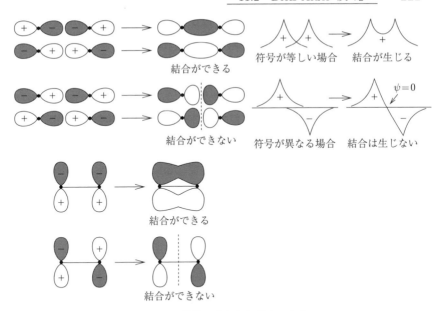

図 11.9 軌道の重なりと結合の生成

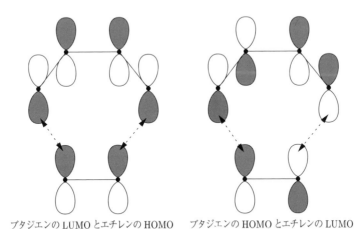

ブタジエンの LUMO とエチレンの HOMO　　ブタジエンの HOMO とエチレンの LUMO

図 11.10 Diels-Alder 反応における HOMO と LUMO の重ね合せ

さて，ブタジエンとエチレンの HOMO − LUMO を重ね合わせてみよう。ブタジエンの HOMO とエチレンの LUMO，ブタジエンの LUMO とエチレンの HOMO という組合せを考える必要がある。**図 11.10** に示すように，Diels-

Alder反応では，いずれの組合せでも，ブタジエンとエチレンとの間で，原子軌道の正の部分どうし，負の部分どうしがうまく重なる．正の部分と負の部分とが重なることはない．したがって，Diels-Alder反応では，無理なくスムーズに結合の生成が可能であると考えられるのである．さて，つぎにエチレンどうしの反応を考えてみよう．エチレンのHOMO-LUMOの組合せを図示すれば，**図11.11**のようになる．エチレンどうしのHOMOとLUMOは，位相が合わない．二つの原子のp軌道のうち，片方を相手の軌道の位相に合わせることはできても，もう片方の位相が合わない．両方の結合ができないと電子が不安定なラジカルとして残ってしまうので，両方の結合ができない限り反応は進行できない．したがって，エチレンどうしは基底状態では反応しないということが理解できる．

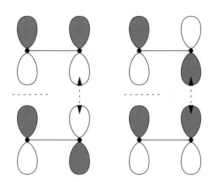

図11.11 エチレンのHOMOとLUMOは位相が合わない

では，片方のエチレンを光で励起状態にしたらどうであろうか．エチレンのHOMOの電子が光からエネルギーをもらって，それまでLUMOであった軌道に遷移したならば，励起状態のエチレンのHOMO（HOMO*）は基底状態でのLUMOになる．したがって，基底状態のエチレンのLUMOとLUMOとの重なりを考えればよい．それは**図11.12**のようになる．分子の励起状態の寿命は短く，ns（10^{-9}秒）のオーダーである．そのため，紫外線を照射され続けている状態でも，励起状態にあるエチレン分子の数はそれほど多くない．反応は基底状態にあるエチレン分子と励起状態にあるエチレン分子との間で起こる．

11.3 フロンティア電子密度   223

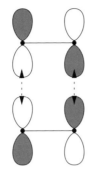

図 11.12 片方のエチレンを励起した場合での HOMO-LUMO の重なり

励起状態にあるエチレン分子どうしが出会う確率はきわめて低く，反応できないことは容易に理解できるであろう．

11.3 フロンティア電子密度

有機反応には，有機反応論で主張されるように全電子密度によって反応部位が決まる反応（**電荷支配の反応**）と，フロンティア軌道の密度によって反応部位が決まる反応（**フロンティア支配の反応**）がある．フロンティア軌道はHOMOとLUMOがあるが，反応におもに関与するのがHOMOであるとすれば，HOMOに属する電子の密度を調べれば反応性を知ることができる．ある分子が求電子試薬と反応する場合，その分子は求電子試薬に電子を与えるわけだから，その分子の軌道のうち，電子が詰まったHOMOが重要な役割を果たすフロンティア軌道になる．そこで，その分子の各原子上のHOMOに属する電子の密度を調べる．Hückel法によって求めた分子軌道を使えば，各原子上の電子密度はその原子軌道にかかった係数の2乗に，その軌道に入っている電子数，つまり2を掛けた値で与えられる．

$$\psi = c_1\phi_1 + c_2\phi_2 + c_3\phi_3 + \cdots + c_n\phi_n$$

$$Q_i = 2c_i^2 \quad (i\text{番目の原子上の電子密度})$$

したがって，求電子試薬と反応する場合のフロンティア電子密度はHOMOの軌道を使って

$$f_i = 2c_i^2$$

によって与えられる.この値を用いて,どの炭素原子上で反応が起こりやすいかを調べることができる.また,ある分子が求核試薬と反応する場合では,その分子は求核試薬から電子を受け取ることになるので,その分子の LUMO がフロンティア軌道になる.そして,LUMO についての各原子軌道の係数の 2 乗は,収容し得る電子の数を表す.したがってそれがフロンティア電子密度になる.

章 末 問 題

問題 11.1 ブタジエンとエチレンとの Diels-Alder 反応において,ブタジエンどうしの反応が起こりにくい理由を述べよ.

問題 11.2 アリルラジカルが求電子試薬と反応する場合の各炭素原子上のフロンティア電子密度を計算せよ.

問題 11.3 ブタジエンとエチレンとの Diels-Alder 反応を考える.ブタジエンの HOMO とエチレンの LUMO との反応と,ブタジエンの LUMO とエチレンの LUMO との反応では,どちらが反応しやすいか説明せよ.

付録

A.1 本書で用いる記号・用語

ギリシャ文字

大文字	小文字	読み方
A	α	アルファ
B	β	ベータ（ビータ）
Γ	γ	ガンマ
Δ	δ	デルタ
E	ε	イプシロン
Z	ζ	ゼータ（ジータ）
H	η	イータ
Θ	θ	テータ（シータ）
I	ι	イオタ
K	κ	カッパ
Λ	λ	ラムダ
M	μ	ミュー

大文字	小文字	読み方
N	ν	ニュー
Ξ	ξ	グザイ（クシー）
O	o	オミクロン
Π	π	パイ
P	ρ	ロー
Σ	σ	シグマ
T	τ	タウ
Y	υ	ウプシロン
Φ	ϕ, φ	ファイ
X	χ	カイ
Ψ	ψ	プサイ（プシー）
Ω	ω	オメガ

大きさを表す接頭語

大きさ	接頭語	記号
10^{-1}	デシ	d
10^{-2}	センチ	c
10^{-3}	ミリ	m
10^{-6}	マイクロ	μ
10^{-9}	ナノ	n
10^{-12}	ピコ	p
10^{-15}	フェムト	f
10^{-18}	アト	a

大きさ	接頭語	記号
10	デカ	da
10^2	ヘクト	h
10^3	キロ	k
10^6	メガ	M
10^9	ギガ	G
10^{12}	テラ	T
10^{15}	ペタ	P
10^{18}	エクサ	E

命数法

1	一(いち)	10^{20}	垓(がい)	10^{52}	恒河沙(こうがしゃ)
10	十(じゅう)	10^{24}	秭(じょ)	10^{56}	阿僧祇(あそうぎ)
100	百(ひゃく)	10^{28}	穣(じょう)	10^{60}	那由他(なゆた)
1 000	千(せん)	10^{32}	溝(こう)	10^{64}	不可思議(ふかしぎ)
10 000	万(まん)	10^{36}	澗(かん)	10^{68}	無量大数(むりょうたいすう)
10^8	億(おく)	10^{40}	正(せい)		
10^{12}	兆(ちょう)	10^{44}	載(さい)		
10^{16}	京(けい)	10^{48}	極(ごく)		

　無量大数よりさらに大きな数の単位としては，グーゴル (googol) 10^{100} やグーゴルプレックス (googolplex) $10^{10^{100}}$ が有名である．後者は全宇宙に存在する砂粒の数より大きな数字である．

基礎的な物理定数

真空中の光の速さ	$c = 2.99792458 \times 10^8$ [m·s^{-1}]
真空中の誘電率	$\varepsilon_0 = 8.854187817 \times 10^{-12}$ [F·m^{-1}]
電気素量	$e = 1.602177 \times 10^{-19}$ C
プランク定数	$h = 6.626070 \times 10^{-34}$ J·s
	$\hbar = 1.05457 \times 10^{-34}$ J·s
電子の静止質量	$m_e = 9.109384 \times 10^{-31}$ kg
陽子の静止質量	$m_p = 1.672622 \times 10^{-27}$ kg
ボーア半径	$a_0 = 5.29177211 \times 10^{-11}$ m

人名の読み方

Aristotles	アリストテレス	Leucippus	レオキッポス
Balmer	バルマー	Max Planck	マックス・プランク
Bohr	ボーア	Millikan	ミリカン
Born	ボルン	Mulliken	マリケン
Bragg	ブラッグ	Newton	ニュートン
Compton	コンプトン	Oppenheimer	オッペンハイマー
Crick	クリック	Pauli	パウリ
Clausius	クラウジウス	Pauling	ポーリング
Dalton	ドルトン	Rayleigh	レイリー
Davisson	ディヴィソン	Ritz	リッツ
de Broglie	ド・ブローイ	Roothaan	ルーターン
Democritus	デモクリトス	Rutherford	ラザフォード
Dirac	ディラック	Rydberg	リュードベリ
Ehrenfest	エーレンフェスト	Schrödinger	シュレーディンガー
Einstein	アインシュタイン	Slater	スレーター
Faraday	ファラデー	Sommerfield	ゾンマーフィールド
Feynman	ファインマン	Stern	シュテルン
Fock	フォック	Thomson	トムソン
Gerlach	ゲルラッハ	Uhlenbeck	ウーレンベック
Germer	ジャーマー	Watson	ワトソン
Goudsmit	ハウシュミット	Wien	ウィーン
Hartree	ハートリー	Woodward	ウッドワード
Heisenberg	ハイゼンベルグ	江崎玲於奈	えさき・れおな
Hoffmann	ホフマン	朝永振一郎	ともなが・しんいちろう
Hund	フント	福井謙一	ふくい・けんいち
Hückel	ヒュッケル	湯川秀樹	ゆかわ・ひでき
Leibniz	ライプニッツ		

A.2 数学ノート

　本書で必要になる数学の公式等をまとめておく。数学は語学と一緒で，慣れが大切である。そして，慣れ親しんだ数学書を持つことが重要である。物理を学ぶための数学の内容を厳選して書かれた教科書，例えば薩摩順吉著『物理の数学』[5]，和

達三樹著『物理のための数学』[6] あたりを手元において読み慣れるのがよい。また，吉田　武著『虚数の情緒』[7]，吉田　武著『オイラーの贈物』[8]，長沼伸一郎著『物理数学の直観的方法　普及版』[9] などを読んでみると，数学の勉強が面白くなるであろう。

指数関数

$e^x e^y = e^{x+y}$

$(e^x)^y = e^{xy}$

対数関数

自然対数：底がネイピア数 e である対数 $\log_e x = \ln x$

常用対数：底が 10 である対数 $\log_{10} x$

このテキストでは特に断らない限り，対数はすべて自然対数である。

$\log(xy) = \log x + \log y$

$\log(x^y) = y \log x$

虚数，複素数

　虚数は $x^2 + 1 = 0$ の解であり，i で表される。$i = \sqrt{-1}$ である。

　複素数とは，実数 a, b と虚数単位 i を用いて $a + ib$ の形で表すことのできる数 $z = a + ib$ のことである。a を複素数 z の実部といい，b を複素数 z の虚部という。虚部の符号だけが異なる複素数 $z = a + ib$ と，$z^* = a - ib$ はたがいに共役 (conjugate) であるといわれ，z^* を z の共役複素数あるいは複素共役という。

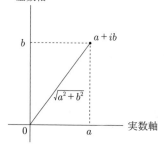

図 A.1　虚数空間

$$|z| = \sqrt{zz^*} = \sqrt{(a+ib)(a-ib)} = \sqrt{a^2 + b^2}$$

を z の絶対値（z の大きさ）という。その意味は図 A.1 のとおりである。

三角関数

$\sin \theta = 高さ/斜辺, \ \cos \theta = 底辺/斜辺, \ \tan \theta = 高さ/底辺$

$\tan \theta = \dfrac{\sin \theta}{\cos \theta}$

$$\cot\theta = \frac{1}{\tan\theta} \text{ (コタンジェント)}, \quad \sec\theta = \frac{1}{\cos\theta} \text{ (セカント)},$$

$$\csc\theta = \frac{1}{\sin\theta} \text{ (コセカント, cosec とも書く)}$$

$$\sin^2\theta + \cos^2\theta = 1$$

$$\sin(-\theta) = -\sin\theta \quad (\sin\theta \text{ は奇関数})$$

$$\cos(-\theta) = \cos\theta \quad (\cos\theta \text{ は偶関数})$$

逆三角関数

$y = \sin x$ の逆関数は $x = \sin^{-1} y$ または $x = \arcsin y$ （アークサイン）

$y = \cos x$ の逆関数は $x = \cos^{-1} y$ または

$x = \arccos y$ （アークコサイン）

$y = \tan x$ の逆関数は $x = \tan^{-1} y$ または

$x = \arctan y$ （アークタンジェント）

($\sin^{-1} x$, $\cos^{-1} x$ や $\tan^{-1} x$ は $1/\sin x$, $1/\cos x$, $1/\tan x$ ではないので注意。$\sin^{-1} x$ と $(\sin x)^{-1}$ をきちんと区別しないと混乱する。)

加法定理

$$\sin(x \pm y) = \sin x \cos y \pm \cos x \sin y$$

$$\cos(x \pm y) = \cos x \cos y \mp \sin x \sin y$$

$$\tan(x \pm y) = \frac{\tan x \pm \tan y}{1 \mp \tan x \tan y}$$

加法定理は幾何学的に証明できるが，**オイラーの式**を覚えていれば簡単に導くことができる。

$$\boxed{\text{オイラーの式}: e^{i\theta} = \cos\theta + i\sin\theta \quad (i \text{ は虚数 } \sqrt{-1})}$$

$$\begin{aligned}
e^{i(x+y)} &= e^{ix} e^{iy} = (\cos x + i\sin x)(\cos y + i\sin y) \\
&= \cos x \cos y + i\cos x \sin y + i\sin x \cos y - \sin x \sin y \\
&= \cos x \cos y - \sin x \sin y + i(\cos x \sin y + \sin x \cos y)
\end{aligned}$$

また，$e^{i(x+y)} = \cos(x+y) + i\sin(x+y)$ であるから，この二つの式の実数項と虚数項がそれぞれ等しくなければならない。したがって

$$\cos(x+y) = \cos x \cos y - \sin x \sin y$$

$$\sin(x+y) = \cos x \sin y + \sin x \cos y$$

が導かれる。

和積の公式（加法定理から導くことができる）

$$\sin A + \sin B = 2\sin\frac{A+B}{2}\cos\frac{A-B}{2}$$
$$\sin A - \sin B = 2\cos\frac{A+B}{2}\sin\frac{A-B}{2}$$
$$\cos A + \cos B = 2\cos\frac{A+B}{2}\cos\frac{A-B}{2}$$
$$\cos A - \cos B = -2\sin\frac{A+B}{2}\sin\frac{A-B}{2}$$

積和の公式（加法定理から導くことができる）

$$\sin A \sin B = -\frac{1}{2}\left[\cos(A+B) - \cos(A-B)\right]$$
$$\sin A \cos B = \frac{1}{2}\left[\sin(A+B) + \sin(A-B)\right]$$
$$\cos A \sin B = \frac{1}{2}\left[\sin(A+B) - \sin(A-B)\right]$$
$$\cos A \cos B = \frac{1}{2}\left[\cos(A+B) + \cos(A-B)\right]$$

関数の極限

$$\lim_{x\to\infty}\left(1+\frac{1}{x}\right)^x = e = 2.7182818\cdots$$
$$\lim_{x\to\infty}\frac{\sin x}{x} = 1$$
$$\lim_{x\to\infty}\frac{a^x}{x!} = 0$$

微分

微分は

$$\lim_{\Delta x \to 0}\frac{f(x+\Delta x) - f(x)}{\Delta x}$$

で定義される。$f(x)$ という関数が，x の値がごくわずかに変化したら，どのくらい変化するか，という値である。これは，$f(x)$ を x に対してプロットしたときのある点における接線の傾きである。例えば，$f(x)$ が歩いた距離を表し，x が時間を表すのであれば，$\lim_{\Delta x \to 0}(f(x+\Delta x) - f(x))/\Delta x$ はある時刻における距離の変化率，つまり歩く速度になる。微分の表現はいくつかある。

$$y' = \frac{dy}{dx}, \qquad y'' = \frac{d^2y}{dx^2}$$

y' や $f'(x)$ などはラグランジュの表記法で，dy/dx や $(d/dx)f(x)$ などはライプニッツの表記法である．

a, b, c は定数とする．

$$y = c \quad y' = 0$$

$$y = ax^n \quad y' = anx^{n-1}$$

$$y = \sin ax \quad y' = a\cos ax \quad y'' = -a^2 \sin ax$$

$$y = \cos ax \quad y' = -a\sin ax \quad y'' = -a^2 \cos ax$$

$$y = \tan ax \quad y' = \frac{a}{\cos^2 ax} = a\sec^2 ax$$

$$y = \log ax \quad y' = \frac{a}{x} \quad (\log は e を底とする自然対数)$$

$$y = \frac{1}{ax} \quad y' = -\frac{1}{ax^2} \quad y'' = \frac{2}{ax^3}$$

$$y = e^{ax} \quad y' = ae^{ax}$$

微分演算の性質

和の微分　　$(f(x)+g(x))' = f'(x) + g'(x)$

定数倍　　　$c(f(x))' = cf'(x)$

積の微分　　$(f(x)g(x))' = f'(x)g(x) + f(x)g'(x)$

商の微分　　$\left(\dfrac{f(x)}{g(x)}\right)' = \dfrac{f'(x)g(x) - f(x)g'(x)}{g(x)^2}$

これは $\left(\dfrac{f(x)}{g(x)}\right) = f(x) * \dfrac{1}{g(x)}$ として積の微分から導かれる．

チェインルール
$y = f(z)$, $z = g(x)$ とするとき

$$\frac{dy}{dx} = \frac{dy}{dz}\frac{dz}{dx} \quad すなわち \quad (f(g(x)))' = f'(g(x))g'(x)$$

偏微分

平面の傾き，傾斜を扱うものである．物理量のほとんどは，二つ以上の変数によって記述される．例えば，波動関数は位置座標と時間の関数であり，$\psi = \psi(x,y,z,t)$ という四つの変数からなる関数になる．このような多変数関数の導関数を扱うのが偏微分である．2変数関数 $f(x,y)$ の微分を考えた場合，x の変化に伴う $f(x,y)$ の変化と，y の変化に伴う $f(x,y)$ の変化という二つを考える必要がある．そこで，まず y は変化しないとすれば，$f(x,y)$ は x だけを変数とする関数となるので普通

に微分すればよい。これは

$$\frac{\partial f(x,y)}{\partial x} = \lim_{\Delta x \to 0} \frac{f(x+\Delta x, y) - f(x,y)}{\Delta x}$$

で定義される。∂ は 1 変数関数の微分 $(d/dx)f(x)$ における d と同じである。偏微分であることを強調するためにわざわざ ∂ という記号を使っているだけである。読み方は,「ディー」,「デル」,「ラウンドディー」,「ラウンド」などさまざまである。基本的にはディーと呼べばいいようである。

例として,$f(x,y) = 2x^2y + 4xy^2$ という関数を偏微分するとすると,x で微分する場合と y で微分する場合があり得る。

$$\frac{\partial f(x,y)}{\partial x} = 4xy + 4y^2$$
$$\frac{\partial f(x,y)}{\partial y} = 2x^2 + 8xy$$

全微分は

$$df = \frac{\partial f}{\partial x}dx + \frac{\partial f}{\partial y}dy$$

で定義される(2 変数関数の場合)。

先ほどと同じ $f(x,y) = 2x^2y + 4xy^2$ の場合であれば,その全微分は $df = (4xy + 4y^2)dx + (2x^2 + 8xy)dy$ となる。

不定積分

積分は面積や体積を求めるものというイメージでよい。積分は微分と異なり,公式を知っている必要がある。

$$\int x^n dx = \frac{1}{n+1}x^{n+1} + c$$

$$\int \frac{1}{x} dx = \log x + c$$

$$\int e^{ax} dx = \frac{1}{a}e^{ax} + c$$

$$\int \sin ax dx = -\frac{1}{a}\cos ax + c$$

$$\int \cos ax dx = \frac{1}{a}\sin ax + c$$

$$\int \frac{1}{1+x^2} dx = \tan^{-1} x + c$$

$$\int \frac{1}{\sqrt{1-x^2}} dx = \sin^{-1} x + c$$

A.2 数学ノート

不定積分の性質

$$\int cf(x)dx = c\int f(x)dx$$
$$\int (f(x) + g(x))dx = \int f(x)dx + \int g(x)dx$$

重積分

塊の体積の計算である．多変数関数の積分である．例えば，三次元空間中の物理量を表す3変数関数 $f(x,y,z)$ を，三次元空間内で積分するという場合はよくあり得る．その場合，$f(x,y,z)$ を x, y, z のすべての変数で積分することになる．これを $\int_e^f \int_c^d \int_a^b f(x,y,z)dxdydz$ と記述する．その定義は，まず a から b までの範囲で x で積分し，つぎに c から d までの範囲で y で積分し，最後に e から f の範囲で z で積分する．$\int_e^f \int_c^d \int_a^b f(x,y,z)dxdydz$ の内側から外側に向かう順序で積分計算を行う．

微分方程式

$$\frac{dy}{dx} = ay \text{ ならば } y = Ne^{ax}$$
$$\frac{d^2y}{dx^2} = -a^2y \text{ ならば } y = Ne^{\pm iax}$$

多項式法による微分方程式の解き方

例えば，つぎの微分方程式の解を調べて見よう．

$$\frac{d^2x}{dt^2} + \omega^2 x = 0 \tag{A.1}$$

この微分方程式の解がべき級数の形で表されると仮定する．

$$x = a_0 + a_1 t + a_2 t^2 + a_3 t^3 + a_4 t^4 + \cdots \tag{A.2}$$

これを2回微分すると

$$\frac{d^2x}{dt^2} = 2a_2 + 3\cdot 2a_3 t + 4\cdot 3a_4 t^2 + 5\cdot 4a_5 t^3 + \cdots$$

となるから，これを式 (A.1) の微分方程式に代入すれば

$$(2a_2 + \omega^2 a_0) + (3\cdot 2a_3 + \omega^2 a_1)t + (4\cdot 3a_4 + \omega^2 a_2)t^2$$
$$+ (5\cdot 4a_5 + \omega^2 a_3)t^3 + \cdots = 0$$

となる。この式が恒等的に成立するためには，各項の係数がすべて 0 であればよい。したがって

$$2a_2 + \omega^2 a_0 = 0, \quad 3\cdot 2a_3 + \omega^2 a_1 = 0, \quad 4\cdot 3a_4 + \omega^2 a_2 = 0,$$
$$5\cdot 4a_5 + \omega^2 a_3 = 0, \quad \cdots$$

である。これらの式を解くことにより

$$a_2 = -\frac{\omega^2}{2}a_0, \quad a_3 = -\frac{\omega^2}{3\cdot 2}a_1 = -\frac{\omega^2}{3!}a_1, \quad a_4 = -\frac{\omega^2}{4\cdot 3}a_2$$
$$= \frac{\omega^4}{4\cdot 3\cdot 2\cdot 1}a_0 = \frac{\omega^4}{4!}a_0,$$
$$a_5 = -\frac{\omega^2}{5\cdot 4}a_3 = \frac{\omega^4}{5!}a_1 \cdots$$

が得られるが，a_0 と a_1 は決まらない。この二つは任意に与えるものとする。得られた係数をべき級数 (A.2) に代入すれば

$$x = a_0\left(1 - \frac{\omega^2}{2!}t^2 + \frac{\omega^4}{4!}t^4 - \cdots\right) + a_1\left(t - \frac{\omega^2}{3!}t^3 + \frac{\omega^4}{5!}t^5 - \cdots\right) \quad \text{(A.3)}$$

となる。そして，三角関数のべき級数展開は

$$\cos t = 1 - \frac{t^2}{2!} + \frac{t^4}{4!} - \cdots, \quad \sin t = t - \frac{t^3}{3!} + \frac{t^5}{5!} - \cdots$$

であるので，式 (A.3) は

$$x = A\cos\omega t + B\sin\omega t$$

となることがわかる。

演算子，固有値，固有関数

　演算子とは，関数に作用させて数学的な演算をさせる命令である。例えば，+3 は 3 を加えるという演算子であるし，×3 は 3 を掛けるという演算子，d/dx は x で微分するという演算子である。

　演算子をある関数に作用させたときに，関数の形は変わらないで，もとの関数の定数倍になるとき，つまり

$$（演算子）\cdot（関数）=（定数）\cdot（関数）$$

となるものを**固有方程式**と呼ぶ。このときの定数を，その演算子の**固有値**と呼び，その関数を**固有関数**と呼ぶ。

A.2 数学ノート

行列

$$\begin{pmatrix} a & b \\ c & d \end{pmatrix} \begin{pmatrix} x \\ y \end{pmatrix} = \begin{pmatrix} ax+by \\ cx+dy \end{pmatrix}$$

$$\begin{pmatrix} a & b & c \\ d & e & f \\ g & h & i \end{pmatrix} \begin{pmatrix} x \\ y \\ z \end{pmatrix} = \begin{pmatrix} ax+by+cz \\ dx+ey+fz \\ gx+hy+iz \end{pmatrix}$$

単位行列

$$\begin{pmatrix} 1 & 0 \\ 0 & 1 \end{pmatrix}, \quad \begin{pmatrix} 1 & 0 \\ 0 & 1 \end{pmatrix} \begin{pmatrix} x \\ y \end{pmatrix} = \begin{pmatrix} x \\ y \end{pmatrix}$$

$$\begin{pmatrix} 1 & 0 & 0 \\ 0 & 1 & 0 \\ 0 & 0 & 1 \end{pmatrix}, \quad \begin{pmatrix} 1 & 0 & 0 \\ 0 & 1 & 0 \\ 0 & 0 & 1 \end{pmatrix} \begin{pmatrix} x \\ y \\ z \end{pmatrix} = \begin{pmatrix} x \\ y \\ z \end{pmatrix}$$

単位行列は E または I で表される。

行列式

$$\begin{vmatrix} a & b \\ c & d \end{vmatrix} = ad - bc$$

$$\begin{vmatrix} a & b & c \\ d & e & f \\ g & h & i \end{vmatrix} = aei + bfg + cdh - afh - bdi - ceg$$

行列式は D で表される。3行3列の行列式の計算方法を**図 A.2** に示す。

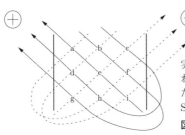

実線に沿って掛け算したものを足し合わせ、それから点線に沿って掛け算したものを引く（サラスの規則，Rule of Sarrus）。

図 A.2 3行3列の行列式の計算方法

余因子

D_{ij} で表す。D_{ij} は行列式から i 行と j 列を取り除いた残りで作られる**小行列式**

に $(-1)^{(i+j)}$ を掛けたものである。例えば 4 行 4 列の行列式

$$\begin{vmatrix} a_{11} & a_{12} & a_{13} & a_{14} \\ a_{21} & a_{22} & a_{23} & a_{24} \\ a_{31} & a_{32} & a_{33} & a_{34} \\ a_{41} & a_{42} & a_{43} & a_{44} \end{vmatrix}$$

において次式となる。

$$D_{11} = (-1)^{1+1} \begin{vmatrix} a_{22} & a_{23} & a_{24} \\ a_{32} & a_{33} & a_{34} \\ a_{42} & a_{43} & a_{44} \end{vmatrix} = \begin{vmatrix} a_{22} & a_{23} & a_{24} \\ a_{32} & a_{33} & a_{34} \\ a_{42} & a_{43} & a_{44} \end{vmatrix}$$

$$D_{21} = (-1)^{2+1} \begin{vmatrix} a_{12} & a_{13} & a_{14} \\ a_{32} & a_{33} & a_{34} \\ a_{42} & a_{43} & a_{44} \end{vmatrix} = - \begin{vmatrix} a_{12} & a_{13} & a_{14} \\ a_{32} & a_{33} & a_{34} \\ a_{42} & a_{43} & a_{44} \end{vmatrix}$$

$$D_{12} = (-1)^{1+2} \begin{vmatrix} a_{21} & a_{23} & a_{24} \\ a_{31} & a_{33} & a_{34} \\ a_{41} & a_{43} & a_{44} \end{vmatrix} = - \begin{vmatrix} a_{21} & a_{23} & a_{24} \\ a_{31} & a_{33} & a_{34} \\ a_{41} & a_{43} & a_{44} \end{vmatrix}$$

逆行列

行列 A の逆行列を A^{-1} とする。

$$A \cdot A^{-1} = A^{-1} \cdot A = E$$

$$\begin{pmatrix} a & b \\ c & d \end{pmatrix}$$

の逆行列は

$$\frac{1}{ad - bc} \begin{pmatrix} d & -b \\ -c & a \end{pmatrix}$$

一般に

$$A^{-1} = \frac{1}{D} \begin{pmatrix} D_{11} & D_{21} & \cdots & D_{n1} \\ D_{12} & D_{22} & \cdots & D_{n2} \\ \cdots & \cdots & \cdots & \cdots \\ D_{1n} & D_{2n} & \cdots & D_{nn} \end{pmatrix}$$

この式中 i 行 j 列に現れる余因子は D_{ji} であることに注意。

この式から明らかなように，行列式の値が 0 である行列は逆行列を持たない。

参 考 文 献

1) Tom Hager 著，梨本治男 訳：ライナス・ポーリング，大月書店 (2011)
2) Müller, Pouillets: Lehrbuch der Physik, Braunschweig (1909)
3) 小出昭一郎：量子力学 (1)（基礎物理学選書 5A），p.27, 裳華房（1990 年）
4) Pauling, L. 著，小泉正夫 訳：化学結合論入門，共立出版 (1968)
5) 薩摩順吉：物理の数学（岩波基礎物理シリーズ 10），岩波書店 (1995)
6) 和達三樹：物理のための数学（物理入門コース 10），岩波書店 (1983)
7) 吉田　武：虚数の情緒，中学生からの—全方位独学法—，東海大学出版会 (2000)
8) 吉田　武：オイラーの贈物—人類の至宝 $e^{i\pi} = -1$ を学ぶ—，東海大学出版会 (2010)
9) 長沼伸一郎：物理数学の直観的方法 普及版—理工系で学ぶ数学「難所突破」の特効薬—（ブルーバックス B-1738），講談社 (2011)

上記以外に，本テキストを書くにあたって参考にした書籍を以下に掲げる．リストの順番に意味はない．

1) 原田義也：量子化学（基礎化学選書 12），裳華房 (1978)
2) 大岩正芳：初等量子化学—その計算と理論—第 2 版，化学同人 (1988)
3) Dirac, P.A.M.：Quantum Mechanics, みすず書房 (1963)
4) Murrell, J.N., Kettle, S.F.A. and Tedder, J.M. 著，神田慶也 訳：量子化学—化学結合論を中心として—，廣川書店 (1973)
5) 大野公一：量子化学（化学入門コース 6），岩波書店 (1996)
6) 阿部正紀：はじめて学ぶ量子化学，培風館 (1996)
7) 小笠原正明，田地川浩人：化学結合の量子論入門，三共出版 (1994)
8) Szabo, A., Ostlund, N.S. 著，大野公男，阪井健男，望月祐志 訳：新しい量子化学（上）–電子構造の理論入門—，東京大学出版会 (1987)
9) Szabo, A., Ostlund, N.S. 著，大野公男，阪井健男，望月祐志 訳：新しい量子化学（下）—電子構造の理論入門—，東京大学出版会 (1988)
10) 犬塚巧三：量子化学問題の解き方 基礎と応用，東京化学同人 (1974)
11) 井上晴夫：量子化学 I（基礎化学コース），丸善 (1996)

12) McQuarrie, D.A., Simon, J.D. 著，千原秀昭，江口太郎，齋藤一弥 訳：物理化学—分子論的アプローチ—（上），東京化学同人（1999）
13) McQuarrie, D.A., Simon, J.D. 著，千原秀昭，江口太郎，齋藤一弥 訳：物理化学—分子論的アプローチ—（下），東京化学同人（2000）
14) Barrow, G.M. 著，大門　寛，堂免一成 訳：バーロー物理化学（上）〔第6版〕，東京化学同人（1999）
15) Barrow, G.M. 著，大門　寛，堂免一成 訳：バーロー物理化学（下）〔第6版〕，東京化学同人（1999）
16) Atkins, P., Paula, D.J. 著，千原秀昭，中村亘男 訳：アトキンス物理化学（上），東京化学同人（2009）
17) Atkins, P., Paula, D.J. 著，千原秀昭，中村亘男 訳：アトキンス物理化学（下），東京化学同人（2009）
18) Castellan, G.W. 著，目黒謙次郎ほか 訳：物理化学（上），東京化学同人（1986）
19) Castellan, G.W. 著，目黒謙次郎ほか 訳：物理化学（下），東京化学同人（1986）
20) 高橋博彰：物理化学演習 I（化学演習シリーズ1），東京化学同人（1979）
21) 大野公一：量子物理化学，東京大学出版会（1989）
22) 廣田　穣：分子軌道法（化学新シリーズ），裳華房（1999）
23) 西本吉助：量子化学のすすめ，化学同人（1983）
24) 藤本　博，山辺信一，稲垣都士：有機反応と軌道概念，化学同人（1986）
25) Orchin, M., Jaffé, H.H. 著，米沢貞次郎 訳：反結合性軌道の役割（現代化学シリーズ53），東京化学同人（1971）
26) 井本　稔：分子軌道法を使うために—実験有機化学者のための解説—，化学同人（1986）
27) Cartmell, E., Fowles, G.W.A. 著，久保昌二 訳：原子価と分子構造，丸善（1958）
28) 原島　鮮：初等量子力学，裳華房（1972）
29) 小出昭一郎：基礎物理学選書 量子力学（I）（改訂版），裳華房（1990）
30) 一石　賢：Aha！量子力学がわかった！，日本実業出版社（2000）
31) Migdal, A.B. 著，田井正博 訳：新装版 量子物理のはなし，東京図書（1998）
32) 江沢　洋：現代物理学，朝倉書店（1996）
33) 松平　升，大槻義彦，和田正信：理工教養物理学 II，培風館（1976）
34) 鈴木　皇：電子—見えない主役—（科学ライブラリー），岩波書店（1986）
35) Pais, A. 著，西尾成子，今野宏之，山口雄仁 訳：ニールスボーアの時代 1—物理学・哲学・国家，みすず書房（2007）

36) Pais, A. 著，西尾成子，今野宏之, 山口雄仁 訳：ニールスボーアの時代 2—物理学・哲学・国家，みすず書房（2012）
37) Rigden, J.S. 著，上野時宏 訳：水素を覗くと宇宙が見える，シュプリンガー・フェアラーク東京（2004）
38) 片山泰久：量子力学の世界（ブルーバックス 101），講談社（1967）
39) Polkinghorne, J.C. 著，宮崎 忠 訳：量子力学の考え方（ブルーバックス，693），講談社（1987）
40) 水島三一郎：改訂新版 物質とはなにか—原子から微生物まで—（ブルーバックス 259），講談社
41) 大木幸介：量子化学入門—電子レベルで見直した化学の世界—（ブルーバックス 157），講談社（1970）
42) 室岡義広：わが輩は電子である—電子が語る物理現象—（ブルーバックス 596），講談社（1985）
43) 中西 襄：相対論的量子論—重力と光の中にひそむ「お化け」—（ブルーバックス，470），講談社（1981）
44) Weinberg, S. 著，本間三郎 訳：新版 電子と原子核の発見，筑摩書房（2006）
45) Silverman, M.P. 著，村山良昌 訳：それでも物理はまわる—量子世界の不思議と魅力—，シュプリンガー・フェアラーク東京（1997）
46) 長澤正雄：シューレディンガーのジレンマと夢，森北出版（2003）
47) 長沼伸一：物理数学の直感的方法—理工系で学ぶ数学「難所突破」の特効薬—（ブルーバックス，B-1738），講談社（2011）
48) 薩摩順吉：物理の数学（岩波基礎物理シリーズ 10），岩波書店（1995）
49) 和達三樹：物理のための数学（物理入門コース 10），岩波書店（1983）
50) Goertzel, T.G., Goertzel, B. 著，石館康平 訳：ポーリングの生涯—化学結合・平和運動・ビタミン C—，朝日新聞社（1999）

章末問題の解答

1章

問題 1.1

（1）① 共有結合，② イオン結合，③ 金属結合，④ 配位結合，⑤ 水素結合

（2）⑥ 2　　（3）⑦ 希ガスまたは不活性気体，⑧ 八偶またはオクテッド

（4）⑨ クーロン力，⑩ $F = \dfrac{1}{4\pi\varepsilon_0}\dfrac{q^2}{r^2}$

問題 1.2，問題 1.3　本文参照。

問題 1.4　黒体の穴以外の部分からの光が測定器に入らないようにする必要があるし，温度を精密に測定する必要もある。温度を測定するには，どんな方法があるだろう？　調べてみよう。黒体の穴から出てきた光の波長を精密に測る必要もある。黒体はガンガン加熱されているわけだから，その熱が計測機器に影響を与える可能性も高い。どうしたらきちんと黒体内部から出てきた光だけを測定できるか考えてみよう。

問題 1.5〜問題 1.7　本文参照。

問題 1.8

（1）$m_e vr = \dfrac{nh}{2\pi}$ より，$v = \dfrac{nh}{2\pi m_e r}$

（2）$\dfrac{1}{2}m_e v^2 = \dfrac{m_e e^4}{8\varepsilon_0^2 h^2 n^2}$ より，$v = \sqrt{\dfrac{e^4}{4\varepsilon_0^2 h^2 n^2}}$

2章

問題 2.1

① $E = nh\nu$，② $\lambda = \dfrac{h}{mv} = \dfrac{h}{p}$，③ 物質波，④ ハミルトニアン，

⑤ 波動関数，⑥ $|\psi|^2$，⑦ 位置，⑧ 運動量，⑨ 時間，⑩ エネルギー

問題 2.2　電磁波の運動量は $p = h\nu/c = h/\lambda$ で与えられる。

したがって，運動量保存則を表す式は

入射方向： $\dfrac{h}{\lambda_0} = \dfrac{h}{\lambda}\cos\theta + mv\cos\phi$

垂直方向： $0 = \dfrac{h}{\lambda}\sin\theta - mv\sin\phi$

これらの式より

$$mv\cos\phi = \dfrac{h}{\lambda_0} - \dfrac{h}{\lambda}\cos\theta$$

$$mv\sin\phi = \dfrac{h}{\lambda}\sin\theta$$

であるから，この2式の両辺を2乗して加えると

$$m^2v^2(\cos^2\phi + \sin^2\phi) = m^2v^2 = \left(\dfrac{h}{\lambda_0}\right)^2 - 2\left(\dfrac{h}{\lambda_0}\right)\left(\dfrac{h}{\lambda}\right)\cos\theta + \left(\dfrac{h}{\lambda}\right)^2 \quad ①$$

となる．したがって，次式が得られる．

$$mv = h\sqrt{\dfrac{1}{\lambda_0^2} + \dfrac{1}{\lambda^2} - \dfrac{2}{\lambda_0\lambda}\cos\theta}$$

そして，エネルギー保存則を示す式は

$$\dfrac{hc}{\lambda_0} = \dfrac{hc}{\lambda} + \dfrac{1}{2}mv^2$$

である．この式をつぎのように変形する．

$$m^2v^2 = 2mhc\left(\dfrac{1}{\lambda_0} - \dfrac{1}{\lambda}\right) \quad ②$$

式①と式②より

$$2mhc\left(\dfrac{1}{\lambda_0} - \dfrac{1}{\lambda}\right) = h^2\left(\dfrac{1}{\lambda_0^2} + \dfrac{1}{\lambda^2} - \dfrac{2}{\lambda_0\lambda}\cos\theta\right)$$

が得られる．この式の両辺に $\lambda_0\lambda$ を掛けると

$$2mhc(\lambda - \lambda_0) = h^2\left(\dfrac{\lambda}{\lambda_0} + \dfrac{\lambda_0}{\lambda} - 2\cos\theta\right) \approx 2h(1 - \cos\theta)$$

となる．したがって，次式が得られる．

$$\lambda - \lambda_0 = \dfrac{h}{mc}(1 - \cos\theta)$$

$\theta = 60°$ のとき

$$\lambda - \lambda_0 = \dfrac{h}{2mc}$$

問題 2.3, 問題 2.4 本文参照。

問題 2.5 「公転周期の 2 乗が軌道半径の 3 乗に比例する」は，a を比例定数とすれば

$$T = \left(\frac{2\pi r}{v}\right)^2 = ar^3$$

と表される。したがって，この式を変形して

$$v^2 = \frac{4\pi^2}{ar}$$

が得られる。この式の両辺に m^2 を掛ければ

$$(mv)^2 = \frac{4\pi^2 m^2}{a} \cdot \frac{1}{r}$$

となり，運動量の 2 乗が軌道半径に反比例することがわかる。そして，物質波の波長は $\lambda = h/mv$ であるから

$$\lambda^2 = \frac{h^2}{(mv)^2} = \frac{ah^2 r}{4\pi^2 m^2}$$

となり，軌道半径が物質波の波長の 2 乗に比例することが示される。

3 章

問題 3.1 本文参照。

問題 3.2

（1）$0 < x < a$ の範囲で

$$-\frac{\hbar^2}{2m}\frac{d^2\psi}{dx^2} = E\psi$$

（2）$\dfrac{\partial^2 \psi}{\partial x^2} + \dfrac{\partial^2 \psi}{\partial y^2} = -\dfrac{8\pi^2 mE}{h^2}\psi$

であるが，これを曲座標で表す。円の中心と粒子とを結ぶ動径と x 軸とがなす角を θ とすれば

$$-\frac{\hbar^2}{2mr^2}\frac{d^2\psi}{d\theta^2} = E\psi$$

（3）$-\dfrac{\hbar^2}{2m}\left(\dfrac{\partial^2}{\partial x^2} + \dfrac{\partial^2}{\partial y^2} + \dfrac{\partial^2}{\partial z^2}\right)\psi = E\psi$　または　$-\dfrac{\hbar^2}{2m}\nabla^2\psi = E\psi$

（4） $\left(-\dfrac{\hbar^2}{2m_e}\nabla^2 - \dfrac{Ze^2}{4\pi\varepsilon_0 r}\right)\psi = E\psi$

（5）
$\left(-\dfrac{\hbar^2}{2m_e}\nabla^2 - \dfrac{e^2}{4\pi\varepsilon_0 r_{A1}} - \dfrac{e^2}{4\pi\varepsilon_0 r_{B1}} - \dfrac{e^2}{4\pi\varepsilon_0 r_{A2}} - \dfrac{e^2}{4\pi\varepsilon_0 r_{B2}} + \dfrac{e^2}{4\pi\varepsilon_0 r_{12}} + \dfrac{e^2}{4\pi\varepsilon_0 R}\right)\psi = E\psi$

問題 3.3 波動関数 ψ に対し，ψ^2 は確率密度と呼ばれ，空間中のある点で粒子を見出す確率である．このとき $\displaystyle\int_{-\infty}^{\infty}\psi^2 dv$ は，すべての空間のどこかに粒子を見出す確率である．したがって，$\displaystyle\int_{-\infty}^{\infty}\psi^2 dv = 0$ はどこにも粒子が存在しないことを示し，$\displaystyle\int_{-\infty}^{\infty}\psi^2 dv = \infty$ はあらゆる場所に存在することを示す．したがって

(a) $\displaystyle\int_{-\infty}^{\infty}\psi^2 dv$ は 0 でない有限の値をとる．

という条件が必要である．粒子の運動を扱っているのに積分値が 0 や無限大になってしまうのはおかしい．

さらに，同一時間，同一位置での物質の存在量は一つに決まらなければならないので

(b) ψ は一価関数である．

一価関数とは，ψ に x, y, z, t を代入したときに，値が一つだけに決まる関数である．

さらに，ψ^2 が場所によって不連続な変化を起こすことは物理的にありえないから

(c) ψ は連続である．

という条件も必要である．

以上をまとめると，ψ **は有限，一価，連続な関数でなければならない．**

問題 3.4 交換可能である．

4 章

問題 4.1 本文参照．

問題 4.2 ブタジエン．ブタジエンのほうが π 共役系の長い分子である．光の吸収波長は $\lambda = \dfrac{8m_e L^2 c}{(k^2-1)h}$ で与えられ，エチレンの π 電子は 2 個，ブタジエンの π 電子は 4 個．

問題 4.3 $n=1$ と $n=2$ の準位に二つずつ電子が入る。光を吸収して励起状態になるときには，$n=2$ の電子が $n=3$ の準位に励起されるので，吸収するエネルギーは

$$E_3 - E_2 = \frac{5\pi^2\hbar^2}{2m_eL} = \frac{5\times(3.14)^2\times(1.05\times10^{-34})^2}{2\times9.1\times10^{-31}\times(10\times10^{-10})^2} = 2.99\times10^{-19}\,\mathrm{(J)}$$

$2.99\times10^{-19} = h\dfrac{c}{\lambda}$ より

$$\lambda = 6.6\times10^{-7}\,\mathrm{(m)} = 660\,\mathrm{(nm)}$$

問題 4.4

（1）（c），（2）（a），（3）二つ，（4）① 大きく（高く）なる。② 小さく（低く）なる。

問題 4.5

（1）本文参照。（2）本文参照。（3）この化合物の π 共役系の電子は，6個である。したがって，$n=3$ の軌道から $n=4$ の軌道への遷移となる。

$$E_4 - E_3 = \frac{7\pi^2\hbar^2}{2m_eL} = \frac{7\times(3.14)^2\times(1.05\times10^{-34})^2}{2\times9.1\times10^{-31}\times(8.4\times10^{-10})^2} = 5.9\times10^{-19}\,\mathrm{(J)}$$

$5.9\times10^{-19} = h\cdot c/\lambda$ より，$\lambda = 332.6\,\mathrm{(nm)}$

問題 4.6 図については本文参照。$n=3$ のエネルギーを持った粒子は観測されず，$n=3$ 以外のエネルギーを持った粒子が観測される。

問題 4.7 $-L/2 < x < L/2$ の範囲で

$$-\frac{\hbar^2}{2m}\frac{d^2\psi}{dx^2} = E\psi$$

を満たす。この方程式を満たす波動関数としては

$$\psi = A\sin\sqrt{\frac{2mE}{\hbar^2}}x + B\cos\sqrt{\frac{2mE}{\hbar^2}}x$$

がある。境界条件より

$$\psi_{\frac{L}{2}} = A\sin\sqrt{\frac{2mE}{\hbar^2}}\cdot\frac{L}{2} + B\cos\sqrt{\frac{2mE}{\hbar^2}}\frac{L}{2} = 0$$

$$\psi_{-\frac{L}{2}} = -A\sin\sqrt{\frac{2mE}{\hbar^2}}\cdot\frac{L}{2} + B\cos\sqrt{\frac{2mE}{\hbar^2}}\frac{L}{2} = 0$$

である（$\sin(-\theta) = -\sin\theta,\ \cos(-\theta) = \cos\theta$）。

これらの式を足し合わせると

$$\psi_{\frac{L}{2}} + \psi_{-\frac{L}{2}} = 2B\cos\sqrt{\frac{2mE}{\hbar^2}} \cdot \frac{L}{2} = 0$$

$$B = 0 \text{ または } \cos\sqrt{\frac{2mE}{\hbar^2}} \cdot \frac{L}{2} = 0$$

$\cos\theta = 0$ となるのは $\theta = \pi/2, 3\pi/2, 5\pi/2, \cdots, a\pi/2, \cdots$ （a は奇数）のときだから

$$\sqrt{\frac{2mE}{\hbar^2}} \cdot L = a\pi$$

したがって

$$E = \frac{a^2\pi^2\hbar^2}{2mL^2} \quad (a \text{ は奇数})$$

となる。このとき，波動関数は

$$\psi = A\sin\frac{a\pi}{L}x + B\cos\frac{a\pi}{L}x, \quad x = \frac{L}{2}$$

のとき

$$\psi_{\frac{L}{2}} = A\sin\frac{a\pi}{2} + B\cos\frac{a\pi}{2} = 0$$

であるので $A = 0$ であるから次式となる。

$$\psi = B\cos\frac{a\pi}{L}x$$

また，$B = 0$ のとき，$A \neq 0$ でなければならない。このとき

$$\sin\sqrt{\frac{2mE}{\hbar^2}} \cdot \frac{L}{2} = 0$$

であるから

$$\sqrt{\frac{2mE}{\hbar^2}} \cdot \frac{L}{2} = n\pi \quad (n \text{ は整数})$$

である。したがって

$$E = \frac{(2n)^2\pi^2\hbar^2}{2mL^2}$$

であり，ここで $b = 2n$ とすれば

$$E = \frac{b^2\pi^2\hbar^2}{2mL^2} \quad (b \text{ は偶数})$$

となる。このとき波動関数は

$$\psi = A\sin\frac{b\pi}{L}x \quad (b \text{ は偶数})$$

である。以上より，$-L/2 < x < L/2$ の範囲に閉じ込められた粒子のエネルギーは $E = k^2\pi^2\hbar^2/2mL^2$ となり，k が偶数のときは波動関数が $\psi = A\sin(b\pi/L)x$ となり，k が奇数のときは波動関数が $\psi = B\cos(a\pi/L)x$ となる。この結果は，粒子が $0 < x < L$ の範囲に閉じ込められた場合とまったく同じである。

問題 4.8，**問題 4.9** 本文参照。

5 章

問題 5.1 $\left(-\dfrac{\hbar^2}{2m}\dfrac{d^2}{dx^2} + \dfrac{1}{2}kx^2\right)\psi = E\psi$

問題 5.2 本文参照。

問題 5.3

（1）$\dfrac{\partial^2\psi}{\partial x^2} + \dfrac{\partial^2\psi}{\partial y^2} = \left\{\left(\dfrac{\partial\theta}{\partial x}\right)^2 + \left(\dfrac{\partial\theta}{\partial y}\right)^2\right\}\dfrac{\partial^2\psi}{\partial\theta^2} = \dfrac{x^2+y^2}{r^4}\cdot\dfrac{\partial^2\psi}{\partial\theta^2} = \dfrac{1}{r^2}\cdot\dfrac{\partial^2\psi}{\partial\theta^2}$

となるから

$$\frac{\partial^2\psi}{\partial\theta^2} + \frac{8\pi^2 mr^2}{h^2}E\psi = 0$$

（2）ψ は θ で 2 回微分すると $\partial^2\psi/\partial\theta^2 = -(8\pi^2 mr^2/h^2)E\psi$ となる関数だから

$$\psi = A\cos\left\{\left(\frac{2\pi r}{h}\right)\sqrt{2mE}\theta\right\}$$

とおける。円周上を運動しているのだから，$\psi(\theta)$ と $\psi(\theta) + 2\pi$ は同じ値にならなければならない。したがって，$\psi(\theta) = A\cos k\theta$ とおけば

$$\psi(\theta + 2\pi) = A\cos k(\theta + 2\pi)$$
$$= A\{\cos k\theta\cos 2\pi k - \sin k\theta\sin 2\pi k\}$$

これが $\psi(\theta) = A\cos k\theta$ に等しくなるためには，$\cos 2\pi k = 1$ かつ $\sin 2\pi k = 0$ であればよい。したがって，$k =$ 整数ならばよいわけだから

$$\left(\frac{2\pi r}{h}\right) \times \sqrt{2mE} = n$$

これを変形すれば

$$\therefore\ E_n = \left(\frac{h^2}{8\pi^2 mr^2}\right)n^2 \quad (n = 0, \pm 1, \pm 2, \cdots)$$

$\psi_n = A\cos n\theta$, $n = 0$ のとき, $\psi_0 = A$, $\int_0^{2\pi} \phi_0^2 d\theta = 1$ より $A = 1/\sqrt{2\pi}$

$$\therefore\ \psi_0 = \frac{1}{\sqrt{2\pi}}$$

$n \neq 0$ のとき

$$A^2 \int_0^{2\pi} \cos^2 n\theta d\theta = 1,$$
$$\int_0^{2\pi} \cos^2 n\theta d\theta = \frac{1}{2}\int_0^{2\pi} (1 + \cos 2n\theta)\, d\theta = \pi + 0$$

したがって

$$A = \frac{1}{\sqrt{\pi}}$$
$$\therefore\ \psi_n = \frac{1}{\sqrt{\pi}}\cos^2 n\theta$$

問題 5.4, **問題 5.5**　本文参照。

6 章

問題 6.1〜**問題 6.5**　本文参照。

7 章

問題 7.1, **問題 7.2**　本文参照。
問題 7.3　**解図 1** 参照。回転させるため。

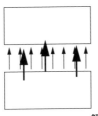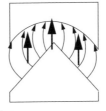

解図 1

問題 7.4
(1) ホウ素の電子は $1s^2$, $2s^2$, $2p^1$ である。
それぞれの電子の量子状態は, $(1, 0, 0, 1/2)$, $(1, 0, 0, -1/2)$, $(2, 0, 0, 1/2)$, $(2, 0, 0, -1/2)$, $(2, 1, 0, 1/2)$

(2) 炭素の電子は $1s^2$, $2s^2$, $2p^2$ である。
それぞれの電子の量子状態は, $(1, 0, 0, 1/2)$, $(1, 0, 0, -1/2)$, $(2, 0, 0, 1/2)$, $(2, 0, 0, -1/2)$, $(2, 1, 0, 1/2)$, $(2, 1, 1, 1/2)$

(3) 窒素の電子は $1s^2$, $2s^2$, $2p^3$ である。
それぞれの電子の量子状態は, $(1, 0, 0, 1/2)$, $(1, 0, 0, -1/2)$, $(2, 0, 0, 1/2)$, $(2, 0, 0, -1/2)$, $(2, 1, 0, 1/2)$, $(2, 1, 1, 1/2)$, $(2, 1, -1, 1/2)$

(4) 酸素の電子は $1s^2$, $2s^2$, $2p^4$ である。
それぞれの電子の量子状態は, $(1, 0, 0, 1/2)$, $(1, 0, 0, -1/2)$, $(2, 0, 0, 1/2)$, $(2, 0, 0, -1/2)$, $(2, 1, 0, 1/2)$, $(2, 1, 0, -1/2)$, $(2, 1, 1, 1/2)$, $(2, 1, -1, 1/2)$

8 章
問題 8.1〜問題 8.5　本文参照。

9 章
問題 9.1〜問題 9.3　本文参照。

問題 9.4　2 個のヘリウム原子軌道から 2 個の He_2 分子軌道ができる。4 個の電子がこの He_2 分子軌道に入るので、結合性軌道と反結合性軌道のどちらにも電子が 2 個ずつ入ることになる。したがって、結合性軌道によるエネルギー安定化が反結合性軌道のエネルギー不安定化によって打ち消されるため、He_2 分子は安定に存在できない。

10 章
問題 10.1〜問題 10.3　本文参照。

問題 10.4　H_3^- は 4 個の電子を持つ。直線状構造のときのエネルギーは $4\alpha + 2\sqrt{2}\beta$ であり、環状構造のときのエネルギーは $4\alpha + 4\beta$ である。したがって、環状構造のほうが安定である。

問題 10.5　まず，ナフタレンの炭素原子に番号をつける。

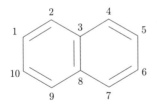

永年行列式は 10 行 10 列の行列式になる。
1 と 10，3 と 8 の間に結合があることに注意。

$$\begin{vmatrix} \alpha-E & \beta & 0 & 0 & 0 & 0 & 0 & 0 & 0 & \beta \\ \beta & \alpha-E & \beta & 0 & 0 & 0 & 0 & 0 & 0 & 0 \\ 0 & \beta & \alpha-E & \beta & 0 & 0 & 0 & 0 & 0 & 0 \\ 0 & 0 & \beta & \alpha-E & \beta & 0 & 0 & 0 & 0 & 0 \\ 0 & 0 & 0 & \beta & \alpha-E & \beta & 0 & 0 & 0 & 0 \\ 0 & 0 & 0 & 0 & \beta & \alpha-E & \beta & 0 & 0 & 0 \\ 0 & 0 & 0 & 0 & 0 & \beta & \alpha-E & \beta & 0 & 0 \\ 0 & 0 & 0 & 0 & 0 & 0 & \beta & \alpha-E & \beta & 0 \\ 0 & 0 & 0 & 0 & 0 & 0 & 0 & \beta & \alpha-E & \beta \\ \beta & 0 & 0 & 0 & 0 & 0 & 0 & 0 & \beta & \alpha-E \end{vmatrix} = 0$$

問題 10.6　本文参照。

問題 10.7　永年方程式とは，LCAO 近似で作った分子軌道関数を変分法によって最適化する際に，各原子軌道にかかる係数がすべて 0 になってしまわないための必要条件である。

11 章

問題 11.1　ブタジエンの HOMO とブタジエンの LUMO とでは，反応部位の軌道の位相をすべて合わせることができない。

問題 11.2　アリルラジカルが求電子試薬と反応する場合，フロンティア電子密度は，すべての炭素原子上で 1 である。また，求核試薬と反応する場合にも，アリルラジカルが受け入れられる電子数を考えれば，フロンティア電子密度はすべての炭素原子上で 1 である。

問題 11.3 それぞれの HOMO–LUMO 軌道を絵に描いてみよう。

解図 2 のようにブタジエンの HOMO とエチレンの LUMO のほうが，ブタジエンの LUMO とエチレンの HOMO と軌道が重なりやすく，反応しやすいことがわかる。

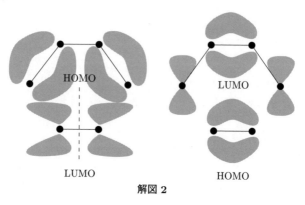

解図 2

索引

【あ】
アリルラジカル　192

【い】
位相　216
位相軌道反応論　216
一電子干渉　49, 62
一電子近似　166

【う】
運動エネルギー　21
運動方程式　16
運動量　20
運動量保存則　20

【え】
エイチバー　55
永年方程式　185
エチレン　91
エネルギー固有値　57
エルミート演算子　71
演算子　56, 69, 234
遠心力　24

【お】
オイラーの式　229

【か】
回折　33
ガウス型関数　169
角運動量　117
角振動数　109
角速度　22

拡張 Hückel 法　213
角度関数　134
確率密度　68, 87
重なり積分　175
重ね合せの原理　71
可視光　94
加法定理　229
カロテン　94
換算質量　112
干渉　33

【き】
規格化条件　67, 85
規格直交系　73, 87
輝線スペクトル　11
基底状態　92
逆三角関数　229
共役複素数　228
境界条件　82
共鳴安定化　202
共役複素関数　67
共役複素数　67
行列力学　13
極限　230
極座標　120, 135

【く】
空間量子化　126
クーロン積分　175
クーロンの法則　24

【け】
ケクレ構造　203
結合次数　202

結合性軌道　172, 179
ケットベクトル　154
原子価結合法　210
原子単位　78

【こ】
交換関係　70
交換積分　175
光電効果　9
黒体　6
古典量子論　12
コペンハーゲン派　42, 62
固有値　234
混成軌道　210

【さ】
三角関数　228

【し】
紫外線　94
磁気量子数　136
次元解析　38
指数関数　228
質量中心　111
周期　24
周期的境界条件　122
主量子数　136
振動関数　54
振動数条件　39
振幅関数　54

【す】
スイカ型原子モデル　2
水素原子　39, 131

索引

水素放電管 11
スピン 147
スレーター型原子関数 168
スレーター行列式 151

【せ】

赤外線 94
赤外線吸収 115
積分 232
積和の公式 230
節点 87, 96
摂動法 156
節面 96
前期量子論 12

【そ】

走査型トンネル顕微鏡 103

【た】

太陽系型原子モデル 2
多項式法 233
多体問題 171

【ち】

調和振動子 108
直交 72

【つ】

つじつまの合う場の方法 168

【て】

定常状態 40
定常波 32
デルタ関数 73
電子顕微鏡 48
電子密度 200
電場 25

【と】

動径関数 134

トンネル効果 103

【な】

長岡半太郎 2
ナブラ 53

【は】

倍角の公式 85
箱の中の粒子 81
波数 55
波動関数 55, 56
　水素原子の—— 137
　——の形 87
波動方程式 32, 53
波動力学 13
ハミルトニアン 56
ハミルトン演算子 56
反結合性軌道 172, 179
反物質 153

【ひ】

光 33
光の吸収 91
光量子説 10
微分 230
微分方程式 233

【ふ】

不確定性原理 49, 90
複素関数 67
複素数 67, 228
フックの法則 107
物質波 47
普仏戦争 5
ブラベクトル 154
フロンティア軌道 216
フロンティア電子密度 223
分子軌道 171
分子軌道法 183

【へ】

ヘリウム原子 163
変数分離 97
偏微分 232
変分原理 157, 172
変分法 156

【ほ】

方位量子数 136
ポテンシャル井戸 81, 99, 162
ポテンシャルエネルギー 21

【ま】

マイクロ波 117

【も】

モースポテンシャル 180

【よ】

陽電子 153

【ら】

ラプラシアン 54

【り】

量子化 84, 113, 116
量子条件 39
量子状態 152

【れ】

励起状態 92

【わ】

和積の公式 230

索引

【B】
Bohr 12, 40
　——の原子モデル 12
　——の量子条件 38
　——半径 39
Born–Oppenheimer 近似 174
Bragg 回折 36

【C】
Compton 44
Compton 効果 45

【D】
Davisson 48
de Broglie 46
Diels-Alder 反応 218
Dirac 13, 152

【E】
Ehrenfest の定理 78
Einstein 9

【F】
Fermi 粒子 149
Feynman 153

【G】
Gerlach 145
Goudsmit 146

【H】
Hartree-Fock-Roothaan 法 213
Heisenberg 13, 49
Hoffmann 217
HOMO 216
Hund の規則 76
Hückel 法 189

【L】
LCAO 法 172
Legendre 陪関数 125
LUMO 216

【M】
Millikan 144
Mulliken 212

【N】
Newton 17

【P】
Pauli の排他原理 75
Pauling 210

Planck 8
Planck 定数 8

【R】
Rayleigh-Ritz の変分法 157
Rutherford 2

【S】
SCF 法 168, 213
Schrödinger 13, 53, 59
　——の猫 60
Schrödinger 方程式 53, 57, 65
Sommerfeld 12
Stern 145
STM 103

【T】
Thomson 1, 143

【U】
Uhlenbeck 146

【W】
Wien 6
Woodward 217

【Y】
Young の実験 35

―― 著者略歴 ――

1989 年　東京理科大学理学部応用化学科卒業
1991 年　東京工業大学総合理工学研究科修士課程修了
1994 年　東京工業大学総合理工学研究科博士後期課程修了
　　　　 博士（工学）
1994 年　東北大学助手
1996 年　大分大学講師
1998 年　大分大学助教授
2000 年　東京理科大学助教授
2007 年　東京理科大学准教授
2010 年　東京理科大学教授
　　　　 現在に至る

ゼロからの最速理解　量子化学
How to Start Learning Quantum Chemistry from Scratch　　　Ⓒ Takeo Sasaki 2017

2017 年 5 月 1 日　初版第 1 刷発行
2022 年 4 月 30 日　初版第 2 刷発行　　　　　　　　　　　　　　　　★

|検印省略|

著　　者　　佐々木　健夫
発 行 者　　株式会社　コロナ社
　　　　　　代 表 者　　牛来真也
印 刷 所　　三美印刷株式会社
製 本 所　　有限会社　愛千製本所

112-0011　東京都文京区千石 4-46-10
発 行 所　株式会社　コロナ社
CORONA PUBLISHING CO., LTD.
Tokyo Japan
振替 00140-8-14844・電話(03)3941-3131(代)
ホームページ　https://www.coronasha.co.jp

ISBN 978-4-339-06639-5　C3043　Printed in Japan　　　　　　　（森岡）

＜出版者著作権管理機構　委託出版物＞
本書の無断複製は著作権法上での例外を除き禁じられています。複製される場合は，そのつど事前に，
出版者著作権管理機構（電話 03-5244-5088，FAX 03-5244-5089，e-mail: info@jcopy.or.jp）の許諾を
得てください。

本書のコピー，スキャン，デジタル化等の無断複製・転載は著作権法上での例外を除き禁じられています。
購入者以外の第三者による本書の電子データ化及び電子書籍化は，いかなる場合も認めていません。
落丁・乱丁はお取替えいたします。

カーボンナノチューブ・グラフェンハンドブック

フラーレン・ナノチューブ・グラフェン学会 編
B5判／368頁／本体10,000円／箱入り上製本

監　　　修：飯島　澄男, 遠藤　守信
委　員　長：齋藤　弥八
委　　　員：榎　敏明, 斎藤　晋, 齋藤理一郎,
（五十音順）篠原　久典, 中嶋　直敏, 水谷　孝
（編集委員会発足時）

本ハンドブックでは、カーボンナノチューブの基本的事項を解説しながら、エレクトロニクスへの応用、近赤外発光と吸収によるナノチューブの評価と光通信への応用の可能性を概観。最近嘱目のグラフェンやナノリスクについても触れた。

【目　次】

1. CNTの作製
   1.1 熱分解法／1.2 アーク放電法／1.3 レーザー蒸発法／1.4 その他の作製法
2. CNTの精製
   2.1 SWCNT／2.2 MWCNT
3. CNTの構造と成長機構
   3.1 SWCNT／3.2 MWCNT／3.3 特殊なCNTと関連物質／3.4 CNT成長のTEMその場観察／3.5 ナノカーボンの原子分解能TEM観察
4. CNTの電子構造と輸送特性
   4.1 グラフェン，CNTの電子構造／4.2 グラフェン，CNTの電気伝導特性
5. CNTの電気的性質
   5.1 SWCNTの電子準位／5.2 CNTの電気伝導／5.3 磁場応答／5.4 ナノ炭素の磁気状態
6. CNTの機械的性質および熱的性質
   6.1 CNTの機械的性質／6.2 CNT撚糸の作製と特性／6.3 CNTの熱的性質
7. CNTの物質設計と第一原理計算
   7.1 CNT，ナノカーボンの構造安定性と物質設計／7.2 強度設計／7.3 時間発展計算／7.4 CNT大規模複合構造体の理論
8. CNTの光学的性質
   8.1 CNTの光学遷移／8.2 CNTの光吸収と発光／8.3 グラファイトの格子振動／8.4 CNTの格子振動／8.5 ラマン散乱スペクトル／8.6 非線形光学効果
9. CNTの可溶化，機能化
   9.1 物理的可溶化および化学的可溶化／9.2 機能化
10. 内包型CNT
    10.1 ピーポッド／10.2 水内包SWCNT／10.3 酸素など気体分子内包SWCNT／10.4 有機分子内包SWCNT／10.5 微小径ナノワイヤー内包CNT／10.6 金属ナノワイヤー内包CNT
11. CNTの応用
    11.1 複合材料／11.2 電界放出電子源／11.3 電池電極材料／11.4 エレクトロニクス／11.5 フォトニクス／11.6 MEMS，NEMS／11.7 ガスの吸着と貯蔵／11.8 触媒の担持／11.9 ドラッグデリバリーシステム／11.10 医療応用
12. グラフェンと薄層グラファイト
    12.1 グラフェンの作製／12.2 グラフェンの物理／12.3 グラフェンの化学
13. CNTの生体影響とリスク
    13.1 CNTの安全性／13.2 ナノカーボンの安全性

定価は本体価格+税です。
定価は変更されることがありますのでご了承下さい。

図書目録進呈◆

技術英語・学術論文書き方，プレゼンテーション関連書籍

プレゼン基本の基本 －心理学者が提案するプレゼンリテラシー－
下野孝一・吉田竜彦 共著／A5／128頁／本体1,800円／並製

まちがいだらけの文書から卒業しよう 工学系卒論の書き方
－基本はここだ！－
別府俊幸・渡辺賢治 共著／A5／200頁／本体2,600円／並製

理工系の技術文書作成ガイド
白井　宏 著／A5／136頁／本体1,700円／並製

ネイティブスピーカーも納得する技術英語表現
福岡俊道・Matthew Rooks 共著／A5／240頁／本体3,100円／並製

科学英語の書き方とプレゼンテーション（増補）
日本機械学会 編／石田幸男 編著／A5／208頁／本体2,300円／並製

続 科学英語の書き方とプレゼンテーション
－スライド・スピーチ・メールの実際－
日本機械学会 編／石田幸男 編著／A5／176頁／本体2,200円／並製

マスターしておきたい 技術英語の基本 －決定版－
Richard Cowell・余　錦華 共著／A5／220頁／本体2,500円／並製

いざ国際舞台へ！ 理工系英語論文と口頭発表の実際
富山真知子・富山　健 共著／A5／176頁／本体2,200円／並製

科学技術英語論文の徹底添削 －ライティングレベルに対応した添削指導－
絹川麻理・塚本真也 共著／A5／200頁／本体2,400円／並製

技術レポート作成と発表の基礎技法（改訂版）
野中謙一郎・渡邉力夫・島野健仁郎・京相雅樹・白木尚人 共著
A5／166頁／本体2,000円／並製

知的な科学・技術文章の書き方 －実験リポート作成から学術論文構築まで－
中島利勝・塚本真也 共著
A5／244頁／本体1,900円／並製
日本工学教育協会賞（著作賞）受賞

知的な科学・技術文章の徹底演習
塚本真也 著
工学教育賞（日本工学教育協会）受賞
A5／206頁／本体1,800円／並製

定価は本体価格+税です。
定価は変更されることがありますのでご了承下さい。

図書目録進呈◆